防灾减灾系列教材

地震概论

赵晓燕 于仁宝 主编

清华大学出版社
北京

内容简介

本书共分7章，第1章介绍历史上发生的灾害严重、对人类社会发展和地震学发展产生重大影响的地震事件，使读者从宏观角度对地震成因、地震能量、地震灾害特点、地震类型、地震学发展过程有所认识；第2章介绍地震成因、地壳板块构造、活动断层与地震、地震分布；第3章介绍地震烈度、地震烈度区划、地震安全性评价等防震减灾基本知识与技术；第4章介绍地震波类型、序列、传播规律与特点；第5章介绍地震基本参数及确定参数方法；第6章介绍地震观测系统、地震监测基本原理与方法、地震预测原理与思路；第7章介绍防震减灾法规、地震应急、地震自救与互救、地震预警等方面的知识与技术。

本书可作为大学生防震减灾教育教材以及地震科普宣传读物。

图书在版编目(CIP)数据

地震概论/赵晓燕，于仁宝主编. --北京：清华大学出版社，2013.2(2022.12重印)
(防灾减灾系列教材)
ISBN 978-7-302-30870-6

Ⅰ. ①地…　Ⅱ. ①赵…　②于…　Ⅲ. ①地震—教材　Ⅳ. ①P315

中国版本图书馆CIP数据核字(2012)第291711号

责任编辑：石　磊　陈　明
封面设计：常雪影
责任校对：王淑云
责任印制：曹婉颖

出版发行：清华大学出版社
网　　址：http://www.tup.com.cn，http://www.wqbook.com
地　　址：北京清华大学学研大厦A座　　**邮　　编**：100084
社 总 机：010-83470000　　**邮　　购**：010-62786544
投稿与读者服务：010-62776969，c-service@tup.tsinghua.edu.cn
质量反馈：010-62772015，zhiliang@tup.tsinghua.edu.cn
印 装 者：涿州市般润文化传播有限公司
经　　销：全国新华书店
开　　本：185mm×230mm　　**印　张**：12　　**字　　数**：260千字
版　　次：2013年2月第1版　　**印　　次**：2022年12月第9次印刷
定　　价：39.00元

产品编号：049030-03

“防灾减灾系列教材”编审委员会

从书序

防灾减灾是亘古以来的事业。有了人类就有了防灾减灾，也就有了人类对防灾减灾的认识。人类社会的历史就是一部人与自然不断协调、适应和斗争的历史。防灾减灾又是面向未来的事业，随着我国经济社会的高速发展，我们需要更多优秀的专业人才和新生力量，为亿万人民的防灾减灾工作作出更大贡献。因此，大力发展防灾减灾教育，是发展防灾减灾事业的重要的基础性工作。

防灾科技学院是我国唯一的以防灾减灾专业人才培养为主的高等学校，拥有勘查技术与工程和地球物理学两个国家级特色专业建设点。多年来，学院立足行业、面向社会，以防灾减灾类特色专业群建设为核心，在城市防震减灾规划编制、地震前兆观测数据处理、城市震害预测及应急处理等领域取得了一系列科研成果，在汶川地震、玉树地震等国内重大地震灾害的应急处理工作中作出了应有的贡献。学院坚持科学的办学方针，在整个教学体系中既注重专业技术知识的讲授，又注重社会责任方面的教育和培养，为国家培养了一大批优秀的防灾减灾专业人才，在行业职业培训、应急科普等领域开展了大量卓有成效的工作。

为系统总结学院在重点学科建设和人才培养方面所取得的科研和教学成果，进一步深化教学改革，全面提高教学质量和科研水平，服务我国防灾减灾事业，我们组织编写了这套"防灾减灾系列教材"。系列教材覆盖了防灾减灾类特色专业群的主要专业基础课和专业课程，反映了相关领域的最新科研成果，注重理论联系实际，强调可读性和教学适用性，力求实现系统性、前沿性、实践性和可读性的有机结合。系列教材的编委和作者团队既有学院的教师，也有来自中国地震局相关科研究院所的专家。他们均为相关领域的骨干专家和教师，具有较深厚的科研积累、丰富的教学经验和实际防灾减灾工作经验，保证了教材编写的质量和水平。希望本套教材的出版和发行能够为我国防灾减灾领域的专业教育、职业培训和科学普及工作发挥积极的作用。

编写防灾减灾系列教材是一项新的尝试，衷心希望业内专家学者和全社会关心防灾减灾事业的读者对本系列教材的编写工作提出有益的建议和意见，以便我们不断改进完善，逐步将其建设成为一套精品教材。清华大学出版社对本套系列教材的编写给予了大力支持，在此表示衷心的感谢。

本书编委会

2012年10月

前言

FOREWORD

地震(earthquake)又称地动、地振动，是地壳快速释放能量过程中造成振动，并会产生地震波的一种自然现象。全球每年发生地震约500多万次。地震常常造成严重的人员伤亡，能引起火灾、水灾、有毒气体泄漏、细菌及放射性物质扩散，还可能造成海啸、滑坡、崩塌、地裂缝等次生灾害。地震灾害是最严重的、造成死亡人数最多的自然灾害，被称为群灾之首。近年来，随着大地震的频繁发生，地震灾害损失不断增加，重大地震灾害乃至巨灾仍时有发生，我国面临的地震灾害形势严峻复杂，灾害风险进一步加剧。

中国是全球地震灾害最为严重的国家之一，其位于世界两大地震带——环太平洋地震带与欧亚地震带之间，受太平洋板块及印度洋板块的推挤，地震断裂带充分发育。20世纪至今，中国共发生6级以上地震800多次，遍布除贵州、浙江两省和香港特别行政区以外所有的省、自治区、直辖市；死于地震的人数达60万之多，占全球地震死亡人数的50%。中国地震活动频度高、强度大、震源浅、分布广，是一个震灾严重的国家。随着城市化进程和城市现代化的快速发展，地震的致灾损失日益加重，且呈非线性加速增长趋势，城市地震灾害问题日益突出，由此引发的社会灾害亦不容忽视，防震减灾工作任重道远。

2008年5月12日14时28分04秒，四川省汶川地区发生了8.0级特大地震，造成了巨大的人员伤亡和严重的经济损失。在对汶川大地震进行多方面的经验和教训总结时，有关专家学者提出：(1)需要尽快在我国义务教育体系中，增加对地震及其他灾害的危机意识教育，并增设相关课程；(2)需要在城市所有社区及广大乡村，建立年度的、不同规模的防灾常规演习制度，并对社会的每个公民进行灾后自救互救知识与技术的培训。

2009年3月2日，国家减灾委、民政部发布消息，经国务院批准，自2009年起，每年5月12日为全国“防灾减灾日”。通过设立“防灾减灾日”，定期举办全国性的防灾减灾宣传教育活动，有利于进一步唤起社会各界对防灾减灾工作的高度关注，增强全社会防灾减灾意识，普及推广全民防灾减灾知识和避灾自救技能，提高全民的综合减灾能力，最大限度地减轻自然灾害的损失。

我国防震减灾法第四十四条明确规定：“县级人民政府及其有关部门和乡、镇人民政府、城市街道办事处等基层组织，应当组织开展地震应急知识的宣传普及活动和必要的地震应急救援演练，提高公民在地震灾害中自救互救的能力。机关、团体、企业、事业等单位，应当按照所在地人民政府的要求，结合各自实际情况，加强对本单位人员的地震应急知识宣传教育，开展地震应急救援演练。”

从汶川地震中学地理老师平时演练地震避险，因而在地震到来时率学生成功逃生，到印度洋海啸小女孩从平时学的科普知识中发现了海啸的前兆成功躲避并预警他人，这些事例都表明了普及地震知识的重要性和必要性。防灾科技学院作为国家仅有的防灾减灾类高等院校，义不容辞地肩负着普及地震科学知识，加强对社会公众的地震危机意识教育，培训防震避震技能，提高防灾减灾能力的社会责任。通过开设院级必修课——地震概论，可以使学生了解地震的成因、地震参数及地震分布、地震监测预测、地震防御、地震应急救援等防震减灾知识与技术，树立预防为主、监测预报的思想观念；提高学生自救互救能力和防震减灾的意识，懂得居安思危。防灾科技学院的全体学生通过本课程的学习，可以将地震知识辐射推广至全社会，为我国的防震减灾事业作出贡献。

本书共分7章，第1章介绍历史上发生的对人类社会发展和地震学发展产生重大影响的地震事件，使读者从宏观角度对地震成因、地震能量、地震灾害特点、地震类型、地震学发展过程有所了解，为后续章节的学习打下基础；第2章介绍地震成因、地壳板块构造、活动断层与地震、地震分布，使读者对地震孕育发生的过程有较深入的理解，并能对地震现象、活动断层等地质问题进行科学的解释；第3章介绍地震烈度、地震烈度区划、地震安全性评价等防震减灾基本知识与技术，使读者了解我国地震形势与地震风险，掌握一些建筑物及生命线工程的抗震技术与要求，提高防震减灾意识；第4章介绍地震波类型、序列、传播规律与特点，使读者了解地震波传播理论知识及在研究地球结构、地球物理勘探中的应用；第5章从微观角度介绍地震基本参数及确定参数方法，使读者对地震事件有更深入的理解；第6章介绍地震观测系统、地震监测基本原理与方法、地震预测原理与思路，使读者了解地震监测预测技术及现状；第7章介绍防震减灾法规，地震应急，地震自救与互救，地震预警等方面的知识与技术，以提高读者地震应急与救护能力；附录部分给出了《中华人民共和国防震减灾法》(2008.12.27)、《破坏性地震应急条例》(1995.2.11)等内容供读者查阅。

全书内容丰富，涵盖了地震监测预报、震灾预防、应急救援的防震减灾三大工作体系方面的知识，较为系统地介绍了防震减灾的基本知识；在案例的选取上尽量用新的资料与数据，例如以汶川地震救援作为案例，介绍地震应急、救助、灾民安置，以“3·11”日本大地震为例，介绍核辐射次生灾害问题；在对地震科学问题作出解释时，通过宏观地震现象描述与分析，逐步深入到微观地震研究，对地震科学问题进行较深入理解；针对普通群众对地震关注的热点和焦点，用科学的态度和理性的思维来分析人们对地震的疑惑；对理论知识的介绍，尽量避免复杂公式推导，力求做到深入浅出、图文并茂，通俗易懂。

本书是在“编写—试用—征求意见—修改”的基础上完成的，适用于非地球物理学专业学生使用，课时为32学时。第1章由路鹏教授编写，第2章由赵晓燕副教授编写，第3章由于仁宝与武巴特尔编写，第4章由赵晓燕副教授及李迎秋编写，第5章由盛书中编写，第6章和第7章由熊仲华教授编写。赵晓燕、于仁宝负责对全书文字、图表进行审阅和修改。

本书除作为非地球物理专业学生的地震概论课程教材之外，也可作为地震知识的科普读本和非专业人员的地震专业知识学习资料。

在本书的编写过程中，得到了有关专家和教师的支持，薄景山教授在百忙中抽出时间审阅了编写大纲，顾谨萍研究员、李世愚研究员对全部书稿进行了细致的审阅，孟晓春教授、田启文教授、李德伦教授审阅了部分章节，并提出宝贵意见，在此表示深切的谢意。

由于编写时间紧、涉及内容较多，难免存在疏漏之处，欢迎读者批评指正。

编　者

2012 年 5 月

目录

CONTENTS

第 0 章

绪　言

地震是地壳运动的一种形式，一般指地壳的天然震动，同台风、暴雨、洪水、雷电等一样是一种普通的自然现象。全球每年约发生 500 多万次地震，其中 99%以上的地震人感觉不到，而在人感觉到的将近 1 万次地震中，仅有 100 次左右造成灾害，其中 7 级以上有可能造成巨大灾害的地震约十几次。但是，地震灾害造成人员伤亡和经济损失特别严重。据统计，地震灾害造成的死亡人数占所有自然灾害死亡人数的 54%，所以说地震灾害是群灾之首。由于中国所处的地理位置特殊，地震灾害具有频度高、强度大、分布广、震源浅、灾害重的特点。

自从有了地震灾害，人类就没有停止与地震灾害的斗争。在科学不发达的过去，人们对地震发生的原因，常常借助于神灵的力量来解释。随着科学的发展，人们对地震的认识逐渐从神话中走出。地中海及周边国家的地震活动很高，那里的人们首次尝试对地震作出自然解释，开始用地震的物理原理取代民间传说和神话，其代表人物是古希腊科学家萨勒斯(公元前 580 年)。他认为：地球大陆是漂在海洋上的，水的运动造成了地震。随后科学家进一步认为是岩石圈的运动造成了地震，或火山爆发引起了地震。

20 世纪伊始，科学家们开始深入研究地震波，从而为地震科学及整个地球科学掀开了新的一页。这期间相继提出的比较有影响的假说有三：一是 1911 年美国学者里德提出地球内部不断积累的应变能超过岩石强度时产生断层，断层形成后，岩石弹性回跳，恢复原来状态，于是把积累的能量突然释放出来，引起地震，这是所谓的“弹性回跳说”；二是 1955 年日本学者松泽武雄提出地下岩石导热不均，部分熔融而体积膨胀，挤压围岩，导致围岩破裂产生地震，这是所谓的“岩浆冲击说”；三是美国学者布里奇曼提出地下物质在一定临界温度和压力下，从一种结晶状态转化为另一种结晶状态，体积突然变化而发生地震的“相变说”。虽然地震之谜迄今没有完全解开，但随着物理学、化学、古生物学、地质学、数学和天文学等多学科的交叉渗透，深入发展，地震研究取得了长足的进步，逐渐形成了一门独立学科——地震学。

0.1 地震灾害研究

人类对地震灾害的研究始于对它的恐惧，一般通过以下几个方面进行。

1. 地震调查

直接对地震区域各种地震现象进行调查、分析、研究和评估。这是了解掌握地震发生全过程必不可少的重要环节，特别是对震中及极震区的调查。调查是综合性的，目的包括判断地震的性质、成因，防震，抗震以及地震预测等。

2. 地震区划

按一定标准划出各个地震活动带的活动情况和危险程度。地震区划方法各异、通常以地震的地理分布、次数和强度为依据，即以统计的方法划分地震带；还可以用地震地质的方法，也就是根据地震地质条件结合统计结果，进行地震的地区划分；也有根据地震能量和频度分布情况来划分的。地震区划作为建筑工程抗震设防的依据或要求，是国家经济建设和国土利用规划不可缺少的基础资料。

3. 地震预防

专门研究地震对建筑物，人造结构物的影响和破坏规律。为了寻求最科学最合理的抗震设计，在地震发生时不至于受到严重破坏，从而需要研究地震作用条件下的结构动力学及结构材料力学问题，同时研究场地地质、土壤条件，对建筑场地进行安全性评价。

4. 地震预测

地震学研究的一个极为重要的目标就是尽可能准确地预测地震。为地震预报提供依据的方法和手段很多，有的是寻找与地震内在因素有关的现象和数据，如大地形变、地应力、能量积累、断层移动、大地构造因素等；有的是寻找与地震发生的外部因素有关的现象和数据，如气象条件、天文情况等；有的则是依据地震前的许多前兆现象来预报。

5. 地震物理研究

地震的发生过程基本上是一种物理过程，可以作为一种物理现象来研究，有以下几个方面：

(1) 地震波理论

研究地震波的传播途径和规律以及能量的传播过程。

(2) 地震机制

研究地震的成因、震源附近地区应力和应变情况以及地震发生的力学过程。

(3) 地震过程的固体物理学

由地震发生过程中得到的全球性的各种数据，推断地球内部物质的物理性质，如温度、压力、密度、刚性、弹性模量、电磁性质等随深度的变化规律，以及在特殊条件下地球深处高温高压下固体介质的各种特性和变化规律。

(4) 地震信息

地球的地壳、大洋、地壳内的地幔、地核都能传递地震信息,研究地震信息在地球本身传递的规律,有助于了解地球内部及地壳的构造。

6. 地震控制

用各种方法,改变地震发生的地点,改变发震的时间,改变地震释放能量的过程,化大为小,化整为零,减少地震的破坏和损失。这还是地震学研究的一个相当遥远的目标。

0.2 地震学的应用

地震有可怕的一面,也有可利用的一面。科学家用地震波资料研究地球内部结构,用地震波探测地下矿产资源,并形成了一门应用科学——地震勘探;地震学者还在核爆监测及维护世界和平中作出了重要贡献。

地震波由震源发出,可以穿过地球的任何深度而又返回地面,从而带来地球内部的信息,特别是地球内部各个深度的地震波传播速度信息。而这个速度与该处介质的密度和弹性有关,所以地震观测是研究地球内部结构最基本的方法。地震观测内容包括地震波的波形变化和到达时间,以及大地震时地球自由振荡的频谱。根据观测结果可以独立地计算地球内部的结构。同其他的地球物理数据配合时,还可以确定地球内部组成的物理性质和物理状态。

地震勘探技术的基本原理是利用地震波在不同岩层分界面上所产生的反射、折射或衍射来确定这些界面的几何关系,从而寻找地下的地质构造,特别是储油构造。由于所用的震源是人工控制的,因而对地震波传播的时间观测可以达到很高的精度。地震勘探技术是石油勘探中必不可少的技术手段,其发展速度很快,现在还利用地震波在油、气中传播的特点,向直接寻找油、气田方向迈进。

地震波还可以用做传递信息的工具。第二次世界大战期间,曾试图利用地震波追踪海上风暴,利用接收火炮射击时地面的振动波来确定火炮阵地的精确位置。在现代,唯一有效的监视地下核爆炸的方法就是侦察和辨别核爆炸所产生的地震波。在这个课题上,苏联、美国和中国等都做了大量工作。十几万吨以上当量的地下核爆炸无论发生在多么遥远的地方,都可以用地震方法侦察到。

地震学,即对地震的科学研究,与化学、物理学或地质学相比较是一个年轻的学科;然而在仅仅100年里,它在解释地震成因、地震波的性质、地震强度的显著变化以及整个地球的地震活动明显的分区特征等方面取得了显著进步。地震学是探测地球内部的最有效的深部探测器。近年来,通过地震波可以探测出地球内部岩石密度和刚度小到10%的变化,这些新研究进展大多依靠层析成像方法。

0.3 地震学研究进展

地震学的研究起源于人类抵御地震灾害的需要。早期的地震学主要从地质学的角度研究记载地震的宏观现象和地震的地理分布。中国是世界上地震学发展最早的国家之一。据《竹书记年》记载："夏帝发七年(公元前1831年)泰山震"。《通鉴外记》又载："周文王立国八年(公元前1177年)，岁六月，文王寝疾五日，而地动东西南北不出国郊"。中国也是最早发明地震仪器的国家。《后汉书选》中载，河南人张衡阳嘉元年(公元132年)造候风地动仪。这是世界上最早的地震仪，在当时的首都洛阳第一次记录了甘肃发生的地震。

中国古代关于地震的记载是很丰富的，尤其是明清时代地方志流行，其中关于地震的记载极为丰富，有很多研究地震的重要史料。但是长期的封建统治以及对科学技术的轻视，使得地震学没有得到发展，有关地震的记载仅仅是对自然灾害的记述，没有进一步的研究、分析和总结。与此相反，同一时期国外的地震学研究却有了长足的进步。

20世纪初，对于地震波的记录和分析使地震学从宏观描述向数理科学的方向发展，扩展了研究领域，出现了一些分支学科，并有了多方面的应用。

在19世纪，地震学开始被公认为是一个独立研究领域。然而由于人们推测地震的成因已有上千年历史，当对这些自然事件早期的迷信让位于较科学的分析时，激发了人们对地动原因的缜密思考，直到20世纪早期科学家们才获得了对强烈地动直接来源的现代理解。

第二次世界大战以后，地震学的各个方面几乎都有了显著进步。由美国科学家里德研究1906年旧金山地震奠基的地震成因研究，得到了扩展和加深。人们现在具备一个关于整个地球变形的理论，它可以解释为什么大地震常发生于日本和加利福尼亚等一些地方，而加拿大或法国的辽阔原野则几乎没有大地震。这个地质理论也能解释山脉、火山和大洋中深海沟的形成，并说明它们在地球表面的特定分布。这种对地球上相互联系的格架理论认识的形成，很大程度上是与地震学研究分不开的。

关于地震发生的机理，有震源机制的研究和震源物理的研究。地震预测也是现代地震学研究的一个课题，探索地震预测的途径需要深入研究地震成因。20世纪对地震波的研究已经取得大量的成果，其中最重要的成果是利用地震波探查地球内部构造，取得了基本的认识。第二次世界大战后，地震波被用来监测地下核爆炸。人们在对地震波的记录和观测中，还取得了地球自由振荡的资料，证实了理论研究的结果。用地震波勘探地下矿藏，则是地震学在经济建设中的重要应用。在抗御地震灾害方面，工程地震学已经形成比较完善的学科体系，在工程抗震中发挥了重要作用。

利用地震波的前提是必须了解地震波动的性质。穿过地球岩石传播的地震波具有相当的复杂性。然而正是地震波携带着沿途的地质和构造变化的信息。地震学家已经可以越来越熟练地从日益灵敏的地震仪记录的地震波图像中提取这种信息。

科学家正联合建立全球地震台网，这个地震观测的全球性网络，在近几十年来日益加强，现已成为重大科学成就之一。从这些观测记录中，科学家们已能推测某些地震的成因和地震波传播时通过地球的途径，还能区别天然地震和地下核试验引发的地震。

不可否认，地震作为自然灾害有着可怕的后果，并日益严重地威胁着人类居住的安全。人类寄希望于减轻这些地震造成的危害，并极大关注预报将要袭击人类居住区的破坏性地震。

从20世纪60年代中叶起，世界各国开始有计划地进行地震预报研究。经过50多年的努力，各国地震专家积累了大量的前兆震例资料，在地震的长、中期预测上取得了不少进展，也越来越认识到地震预测远比原先预料的困难得多，“发现了”先前没有发现的地震现象的复杂性。

20世纪60年代提出的地球板块构造学说为研究地震成因提供了理论基础。地震学家解释说，板块的相互作用是地震的基本成因。当岩石层因构造运动变形时，能量以弹性应变能的形式储存在岩石中，直至在某一点累积的形变超过了岩石所能承受的极限时发生破裂，即产生地震断层。随之，岩石破裂使储存在岩石中的能量释放出来，其中的一部分引起大地震动。

自20世纪70年代中期以来，地震观测系统中大量采用了数字记录方式，从而使地震学的发展出现了一个新的飞跃。由于数字记录地震仪具有记录频带宽、分辨率高、动态范围大以及易于与计算机联机处理等优点，对于地震监测、研究以及防震减灾具有重要意义，世界各国竞相发展数字地震观测系统。迄今，全世界已有大约440个数字地震台，中国现有11个数字地震台网，在地震科学研究中发挥了重要作用。通过运用已获取的高质量的数字地震资料，地震学家们现在已经可以对地壳、地幔和地核的三维结构进行层析成像，由此揭示地球内部的非均匀性和各向异性。这对于阐明山脉和高原的隆升、沉积盆地的沉降、成矿规律等都具有重要意义。

第 1 章

地震对人类社会的重大影响

地震是群灾之首，20 世纪 50 年代以来，在我国各种自然灾害造成的死亡人数中，地震造成的死亡人数就占 37 万。

地震威胁着人们的生命和财产的安全。全球平均每年发生 1 次左右 8 级地震，18 次左右 7 级地震，其中 85％为海洋地震，15％为大陆地震。虽然我国陆地面积仅占全球的 1/14，但大陆地震却占了 1/3，位居全世界各国之首。毋庸置疑，中国是全球大陆地震活动最强的地区之一。自有地震记录以来，全世界一共发生死亡人口达到 20 万的 5 次巨大灾难性的地震中，中国就占了 3 次，即 1556 年陕西华县 $8\frac{1}{4}$级地震，死亡 83 万人；1920 年宁夏海源 8.6 级地震，死亡 23 万人；1976 年唐山 7.8 级地震，死亡 24.2 万人。

20 世纪全球因地震死亡的总人数近 120 万人，我国占了一半。全国各省、自治区、直辖市历史上都发生过 5 级以上破坏性地震，除浙江和贵州外，其他省、自治区、直辖市都发生过 6 级以上地震。有 40％左右的国土，60％的 50 万以上人口的城市位于Ⅶ度和Ⅶ度以上的地震高烈度区。我国的地震具有分布广、强度大、频度高和震源浅的特点，因而震灾严重。

中国是世界上地震灾害最重的国家，严重的地震灾害是我国经济社会发展必须面对的客观实际。这一基本国情决定了防震减灾是我国一项长期而又艰巨的任务。随着城市化进程的加快，现代城市人口更加密集，财富更加集中，社会功能更加复杂。到 2020 年，城市人口将占我国人口的 50％以上。地震致灾的潜在危害也随之不断增大，大中城市和人口稠密地区一旦发生破坏性地震，将造成大量的人员伤亡和巨额经济损失，对国民经济产生巨大冲击，严重阻碍社会的可持续发展。我国的防震减灾任务艰巨，责任重大，做好防震减灾，就是保护五千年灿烂文化、960 万锦绣江山、几十年经济建设伟大成就的具体举措；做好防震减灾，也是中国可持续发展的必然选择。

1.1　华县地震——有历史记载伤亡之最

陕西省关中地区，平原沃野，人口稠密，是我国古代文化发祥地之一，也是我国历史上地震活动强烈的地区。公元1556年(明嘉靖三十四年)华县发生$8\frac{1}{4}$级强烈地震，此次地震在我国历史记载中是灾害最为严重的一次。根据当时各县州府志记载，地震造成的死亡人数约为83万人，为古今中外罕见。震中区为西安市以东的渭南、华县、华阴、潼关、朝邑至山西省永济县等，范围约2700平方公里；陕、甘、宁、晋、豫5省约28万平方公里的101个县遭受了地震的破坏。此次地震的震灾损失极其严重，民房、官署、庙宇、书院荡为废墟；坚固的高大建筑物如城楼、宝塔、宫殿等全部倒塌；华阴县城西驻马桥断裂，城北大员村地裂数丈，水涌数尺；大荔县南的紫微观和朝邑西南太白池震后干涸；黄河南岸的大庆关和蒲州河堤尽数崩塌；华县凤谷山石泉废为干泉。曾亲身经历过华县地震的明代官吏秦可大在《地震记》中写道："受祸人数，潼、蒲之死者什七，同、华之死者什六，渭南之死者什五，临潼之死者什四，省城之死者什三，而其他州县，则以地之所剥剔近远分深浅矣"。据史料记载，死亡人口上万的县，西起泾阳，东至安邑；死亡人口上千的县，西起平凉，北至庆阳，东至绛县。震时正值隆冬，灾民冻死、饿死和次年的瘟疫大流行及震后其他次生灾害造成的死者无数可计。地表出现大规模形变，如山崩、滑坡、地裂缝、地陷、地隆、喷水、冒砂等。

华县地震之所以造成巨大损失，有以下几点原因：

一是震中区位于河谷盆地和冲积平原，松散沉积物厚，地下水位高，地基失效，黄土窑洞极易倒塌；且地震发生在午夜时分，人们没有丝毫准备。黄土崩塌了窑洞造成伤亡。黄土的垂直节理发育，往往形成高达数十米至上百米的崖、坎地形。当时当地居民居住条件简陋，多居住在黄土塬下崖坡的窑洞中，地震时，由于崖坡崩塌、滑落而造成巨大伤亡。当时距震中区较远的陕西扶风、甘肃平凉、山西闻喜、平陆等地的地震烈度虽然不太高，但人口伤亡极大。据史料记载，庆阳所属各县"山崖崩覆，穴居之民死伤者众以万计"。平凉"城中死者十余人，而山居穴处死者数千人"。

二是地震前两年关中地区大旱，岁荒粮歉，地震后完全丧失了抗御灾害的能力，疾病等次生灾害严重。

三是位于华县地震极震区东西两端的是渭南和潼关两个黄土塬，在地震的触发和强烈振动作用下，造成沿黄土塬边缘发生了巨大的构造滑坡。据史料记载："嘉靖三十四年十二月陕西地震。壬寅夜地震，声如雷，山移数里，平地坼裂，水溢出，西安、风翔、庆阳诸郡邑城皆陷没，压死者十万。"潼关(旧城)附近，地震时"山多崩断，潼关道壅，河逆流，清三日"。滑坡体堵塞了黄河，造成堰塞湖而使河水逆流，可见滑坡规模之大。

四是震中区的地裂缝吞噬民众。由于震中区松散沉积物厚度大，地下水位高，在强震时易产生大量的地裂缝，人坠其中被吞噬。据史料记载，华县地震时"起者卧者皆失措，而垣屋无声皆倒塌矣，忽又见西南天裂，闪闪有光，忽又合之，而地皆在陷裂，裂之大者，水出火出，怪不可状，人有坠入水穴而复出者。有坠于水穴之下，地复合，他日掘一丈余得之者。原阜旋移，地面下尽(改)故迹”。加上地裂缝造成建筑物倒塌，又压死压伤数万人，加重了震害。

五是地裂缝、砂土液化和地下水系的破坏，使灾情进一步扩大，水灾、火灾等次生灾害严重，加上社会治安混乱，谣言四起，灾民惶惶不可终日。

华县地震是世界地震史上最惨烈的一页，创人类文明记载以来伤亡之最。

1.2 三河、平谷地震——推动封建统治者革除弊政

1679年9月(清康熙十八年)河北省三河、北京平谷发生8级地震，震中位于河北省大厂县夏垫镇。地震波及东至辽宁沈阳，西至甘肃岷县，南至安徽桐城。此次地震是中国东部人口稠密地区影响广泛和损失惨重的知名历史地震之一，是北京附近历史上发生的最大地震。地震造成的生命、财产损失，没有确切的统计，只是在官方文书《康熙起居注》中笼统地说：“京城倒坏城堞、衙署、民房，死伤人民甚众。”据史料记载，从通县到三河，城墙全部倒塌。死尸堆成山丘，幸存者寥寥无几。三河、平谷境内远近荡然一空，了无障隔，山崩地陷，裂地涌水，土砾成丘，尸骸枕藉，官民死伤不计其数，三河县受灾惨重，震后城墙和房屋存者无多，全城只剩下房屋50间左右。地面开裂，黑水兼沙涌出。柳河屯、潘各庄一带，出现新断层。通县城市村落尽成瓦砾，城楼、仓厂、儒学、文庙、官廨、民房、寺院无一幸存，1670年重修的名胜“燃灯古佛舍利宝塔”(90余米高)被震毁。由以上记载可看出，地震发生在人口较为稠密的平原地区，大量房屋倒塌压死压伤民众，造成较大的灾害。

蓟县、宝坻、武清、固安及北京等地破坏也极其严重，地裂深沟，黑水迸出，房屋倒塌无数，压死人畜甚多。北京距震中仅40多公里，市区及各郊县遭受地震破坏亦相当严重。当时记载称“京城十万家，转盼无完垒”，“前街后巷断炊烟，帝子官民露地宿”。市区内不仅一般百姓民居遭破坏，就连结构严谨，梁柱坚实，施工精细的皇宫、王府、古刹、楼阁也有数十处被毁。故宫四周的城墙均有倒塌，内部有31处宫殿遭到破坏，其中除奉先殿和太子宫必须重建外，康熙皇帝居住的乾清宫房墙倒塌，皇太后居住的慈宁宫及嫔妃居住的宫殿等都遭到不同程度的破坏。地震引起了皇宫中极大的惊慌，康熙皇帝带着太子和贵族们离开皇宫，躲进了帐篷。

由于此次地震发生在京都重镇，引起了统治者的高度重视，康熙皇帝迅速作出了反应。他一方面“发内帑银十万两”赈恤灾民；一方面号召“官绅富民”捐资助赈，并对朝政得失认真地作了一次全面的政治检讨和反思，康熙首先自身“兢惕悚惶、力图修省”，然后革除了“苛派百姓”和“民间易尽之脂膏，尽归贪吏私囊”等6项弊政，还特别强调革除弊政的关键在于高官率先垂范。可以看出，革除这6项弊政很大程度上是从关注“民生疾苦”、维护“小民利益”出发的，同时强调了官员的带头作用。康熙皇帝基于“天象示警”的封建灾荒观思想是不

科学的，但有一定的积极意义，促进了上层政治统治阶层对民众疾苦的关注。革除弊政的这些措施虽然不能根本解决封建政治的本质所决定的特权阶级同普通百姓之间的矛盾，但也确实限制了超出封建律法范围对人民的过度掠夺和肆意横暴，从而有利于推进吏治的清明和社会的稳定。

小贴士

衡量地震强度大小的一把尺子——地震震级

震级是地震强度大小的度量，它是根据地震所释放的能量多少来划分的。地震的大小通常用震级表示，每一次地震只有一个震级，它是根据地震仪记录的地面地动位移，按一定的物理—数学公式计算出来的，震级越高，释放的能量也越多。

地震按震级大小分为以下几类：

弱震：震级小于3级的地震，如果震源不是很浅，这种地震人们一般不易觉察；

有感地震：震级等于或大于3级、小于或等于4.5级的地震，这种地震人们能够感觉到，但一般不会造成破坏；

中强震：震级大于4.5级，小于6级的地震，属于可造成破坏的地震，但破坏轻重还与震源深度、震中距等多种因素有关；

强震：震级等于或大于6级的地震。其中震级大于或等于8级的又称为巨大地震，可造成较大的破坏。

迄今为止，世界上记录到震级最大的地震是1960年5月22日智利瓦尔迪维亚发生的9.5级大地震。

1.3　邢台地震——揭开中国地震监测预报序幕

1966年3月8日凌晨，河北省邢台发生6.8级强烈地震，紧接着在3月22日，宁晋县再次发生7.2级大震。这是中华人民共和国成立后首次发生在中国大陆东部人口稠密地区、造成严重破坏和伤亡的地震，在国内外引起重大反响。两次地震震中烈度达到Ⅹ度，受灾面积达10余万平方公里，共损坏房屋508万间，其中262余万间严重破坏或倒塌。位于震中地区的隆尧县马兰、任村一带和宁晋东汪等地，房屋几乎全部倒塌，村镇街道变成一片废墟。两次地震中共有8064人丧生，38 451人受伤。强烈地震还造成良田被毁，公路开裂，桥梁塌落，交通中断，农田水利设施破坏等严重灾害。

邢台地震引起党中央、国务院和全国人民的极大关注。3月8日当天，国务院总理周恩来召开了各部委负责人参加的紧急会议，全面部署救灾工作。第二天，周恩来总理又亲临灾区视察和慰问，代表党中央向灾区人民提出“奋发图强、自力更生、发展生产、重建家园”的号召，极大地鼓舞了灾区人民的抗震救灾斗争。

周总理对地震预报工作寄予厚望，在邢台抗震指挥部对地震工作做了一系列重要指示。在3月8日地震当晚，他亲自召开会议听取震情汇报。会上他向地震工作者提出要搞地震预报，号召科学工作者到现场去，到实践中去。他指出："我们的祖先，只给我们留下了纪录，没有留下经验。这次地震付出了很大代价，这些代价不能白费！我们还可以只留下纪录吗？不能！必须从中取得经验。""希望转告科学工作队伍，研究出地震发生的规律来。……这在国外也从未解决的问题，难道我们不可以提前解决吗？……我们应当发扬独创精神来努力突破科学难题，向地球开战。"周总理对地震预报的殷切期望和深切关怀，给地震科技工作者增添了巨大的动力。响应总理的号召，广大地震科技工作者从四面八方日夜兼程，奔赴灾区，在灾区人民要求"地震前打个招呼"的强烈呼声感召下，以邢台震区为地震预报试验场，密切监视和细致分析震情，揭开了中国地震预报科学实践的序幕。

3月22日7.2级地震发生后，周总理再次来到邢台，在视察地震工作时，他语重心长地对中国科学技术大学地震专业的同学说："希望在你们这一代能解决地震预报问题。"

在邢台地震现场，地震工作者调查考察，总结研究，严密监视，探索强震前的异常现象。发现大震前在震中区及其附近地区确有某些特殊现象出现。如井水翻花、变浑，水位涨落，动物行为异常，小震活动出现"密集—平静"特征等。根据这些认识，地震现场考察队曾成功预报了3月26日发生在宁晋百尺口的6.2级强余震。随着现场预报工作的广泛开展，人们对地震发生过程的认识也不断深化。这些初步经验与认识，极大地鼓舞了地震工作者。来自当时的中国科学院、地质部、石油部、国家测绘总局和北京大学、中国科技大学等部门和单位的科技人员，在邢台地震现场，利用各自的优势探索地震预报的具体途径，从而形成了多学科联合、多路探索的生动局面。现场所开展的观测研究工作涉及地球物理、地质、大地测量、地球化学、工程力学以及生物、气象等10多个学科，建立了一批前兆观测台站，先后有测震、地电、地磁、地下水、水化学、水准、基线、重力、地应力、地声、地倾斜等20余种手段投入了观测，取得了一批有价值的观测资料。同时灾区群众也采用多种方法监测地震，如地下水、动物行为习性以及其他一些简易仪器，初步形成了中国第一个综合性的专群结合的前兆观测台网。至此，中国地震预报科研工作进入了以大量前兆观测为基础的，多学科联合攻关的新阶段。

中国有组织的地震预报探索是从1966年邢台7.2级地震后开始的，地震监测预报也从邢台地震现场逐步发展到全国。至20世纪70年代，中国已成为世界上唯一由国家组织并在全国范围内进行地震监测预报实践的国家。与此同时，国内地震观测技术系统发展迅速，到20世纪90年代初，中国大陆已建成规模宏大的地震观测系统，为中国地震预测预报水平的提高奠定了基础。

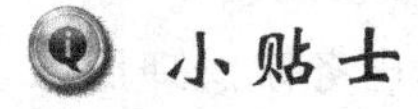

中国地震预报探索与实践

我国地震预报经过一系列地震预报实用化研究，逐步发展了具有中国特色的预报思路和工作程序，形成“长、中、短、临”和震后诸阶段的渐进式预报科学思路，孕震过程和前兆机理以及前兆异常时空特征的复杂性有了新的认识。

经过长期的地震预报探索和实践，我国地震科技工作者清醒地认识到地震预报是一个全球性的科学难题。一方面，在数十年的艰苦探索中已取得了许多重要的进展和丰富的经验。在现有的科技条件下，充分和合理地应用已有的经验和成果，在某些有利条件下，对某种类型的地震，作出了一定程度的预报。这里所说的有利条件，包括对某些特定地区的足够的台网监测能力，对其地质构造和地震活动特性研究的深入程度，以及较多的震例资料等。另一方面，地震具有不同的类型，而且不同的地震其震前的前兆异常显示程度也有很大的差别，有的前兆多而明显，甚至有丰富的直接前震，有的则震前前兆显露程度较低。因此，在目前的科学水平下，除对震后大致趋势有可能作出较准确的判定外，对有直接前震的后续强震、强震群中的部分地震、强余震以及前兆现象显示较丰富的强震，有可能作出一定程度的预报。

地震预测研究所研究员、我国知名的地震学者张国民说，“地震预报现阶段仍未能走出经验科学的不确定性”。地震预测是一个全球性的科学难题，其难处主要在三个方面：

第一，地震过程的复杂性。地震是地壳构造运动的产物，但是在地底下，地壳分布到底是什么样的情况，构造活动的性质、强度，现在知之甚少。我们对于地震发生的规律的认识非常少，认知程度非常低，这种情况下，缺乏对地震规律和地震机理的认识大大限制了我们对地震的预测能力。

第二，地壳深部的不可入性。因为地震发生在地下十几、二十几公里的深度上，现在人类还不能把仪器设置到地下深部进行探源，限制了我们对地震过程的监测，现在只能是在地表面设一些台站，数量也有限，密度也相对比较低，与地底下的联系只是一些经验性的推测，用这样一个过程去研究和预测地底下地震的过程来说，无论是从理论上、方法上还是技术上都有很大的难度。

第三，地震事件的小概率性。地震本身比较多，但是对于每一个地区来说是几百年一遇甚至是千年一遇，这限制了我们对地震观测的资料积累，因为不同地区还不一样。所以这些科学难度决定了地震预测的科学水平还是非常低。各个国家都把地震预测作为一个科学探索，地底下到底是什么结构，如何进行地震过程观测，都设置一些实验场，取得了一些经验，上升为理论，慢慢解决地震预报的问题。我们采取了边观测、边研究、边预报的办法，把地震预报作为一个任务，作为一个国家任务来对待。

至今科学家们还没有找到这样一种前兆，它一旦出现，就预示着地震肯定会发生。

1.4 海城地震——世界上唯一成功准确预报的主震型地震

1975年2月4日，在经济发达、人口稠密的辽东半岛中南部的辽宁海城、营口一带发生了7.3级强烈地震。

海城地震被视为中国地震史上里程碑式的事件，它是人类历史上第一次准确预报的强震，联合国迄今为止只承认了这一个准确预报的地震案例。根据有关部门的估计，海城地震的成功预报，避免了约10万人的死亡，减少了30亿～50亿元的经济损失。

海城地震前，地震部门曾经作出中期预报和短临预报。早在1970年，全国第一次地震工作会议根据历史地震、现今地震活动及断裂带活动特点，就确定辽宁省沈阳—营口地区为全国地震工作重点监视区之一；1974年6月，国家地震局召开华北及渤海地区地震趋势会商会，提出渤海北部等地区1～2年内有可能发生5～6级地震；1975年1月下旬，辽宁省地震部门提出地震趋势意见，认为1975年上半年，或者1～2月，辽东半岛南端发生6级左右地震的可能性较大；2月4日0时30分，辽宁省地震办公室根据2月1～3日营口、海城两县交界处出现的小震活动特征及宏观异常增加的情况，向全省发出了带有临震预报性质的第14期地震简报，提出小震后面有较大的地震，并于2月4日向省政府提出了较明确的预报意见；4日10时30分，省政府向全省发出电话通知，并发布临震预报。

由于震前作出了中期预测和短临预报，省政府和震区各市、县采取了一系列应急防震措施，因而大大减少了人员伤亡。如营口县政府在震前采取四条应急预防措施：①城乡停止一切会议；②工业停产，商店停业，医院一般患者用战备车送回家，少数重病患者留在防震帐篷里就地治疗，城乡招待所、旅社要动员客人离开；③城乡文化娱乐场所停止活动；④各级组织采取切实措施做到人离屋、畜离圈，重要农机具转移到安全地方。上述防震措施得到了很好的贯彻，各街道、乡一方面用广播喇叭大力宣传，另一方面派干部挨家挨户动员群众撤离危险房屋，有的还在露天放映电影，因而最大限度地减少了伤亡。如处于地震烈度Ⅸ度区的大石桥镇，共有居民72 000人，震时房屋倒塌67%，但只死亡21人，轻伤353人。

由于震前广泛开展了防震减灾的宣传教育，震区群众掌握了一些必要的应急防震的知识，有效减轻了伤亡和损失。如2月4日大连至北京的31次旅客列车，载满了1000多名乘客奔驰在地震区的铁路上，19点36分列车运行到唐王山车站前，火车司机突然发现车头前方从地面至天空出现大面积蓝白色闪光。这位懂得地震知识的司机马上意识到这是地光，判断地震即将到来，他沉着地缓慢减速，在减速过程中地震发生了。由于速度很低，未出现事故，安全地把列车停了下来，保证了全体旅客的安全。

海城地震发生在现代工业集中、人口稠密地区。该区绝大多数房屋未设防，抗震性能差，地震又发生在冬季的晚上，按照当地农村的习惯，多数人震时都已入睡，如果事先没有预报和预防，人员伤亡将十分惨重。

根据地震预报，在震前转移了重要的物资设备，对震时易燃、易爆、泄毒等次生灾害的部位采取了紧急预防措施，避免了重大损失，收到了减轻地震灾害的实际效果。如辽阳参窝水库，是全省大型水库之一，原无地震设防，工程质量也有一些问题。1975年1月依照预报意见，有针对性地对坝体进行了加固，地震时，坝区山石滚落，坝体裂缝加大，冰面出现90m长裂缝，但整个大坝却安然无恙。又如，庆明化工厂于1974年12月下旬对库存的4950t易爆产品采取了紧急调出措施，免除了可能因地震引起的爆炸。

地震刚过，辽宁省政府就连夜在海城县成立了省抗震救灾指挥部，有效地组织抗震救灾，进一步减轻了地震灾害损失。省内未受灾的地市，分别在海城、营口两县设立支援救灾工作站，分工包干救援。沈阳军区和辽宁军区也在震区设立了指挥部，指导当地驻军进行抗震救灾。按当时的经济社会状况，开展了行之有效的快速震后救援。如海城县驻军在震后10～20分钟就进入了救灾现场，共救出2700余人，有一个团在地震当晚就救出426人。海城驻军某师一个侦察连，震后2分钟就进入县招待所，和随后派出的一个工兵营一起进行抢救，先后打了40多个洞，奋战了5昼夜，挖出60多人，共救活了18人。震后两天，解放军开始全面清理废墟，每清理一个地方都会喊一喊，听一听，看一看。虽然方法原始，但在当时的条件下非常奏效。

北京、吉林、河北等省市以及辽宁省震后共紧急派遣101个医疗队进入震区，医护人员3480人，在当地群众和驻军协助下，震后2～3小时内，把重危伤员抢运到乡村临时设立的医疗点或交通方便的公路两侧，因地制宜地对伤员进行了急救处置。在震后12小时内基本上完成了伤员抢运任务。省政府紧急安排省内16个县级以上医院、3个军队野战医院以及灾区临时开设的3所医院接收治疗重伤员。由于救援及时，治疗科学，截至3月19日止，县级以上医院收治的4700多名重伤员已有3464人基本痊愈出院。震后震区还普遍开展了春季爱国卫生运动，制止了传染病的继续发生，使发病率大为降低。

由于当时的中国还处于“文革”的后期，法制极不健全，缺乏一系列的法律法规，更没有对破坏性地震应急作出必要的立法，震后未及时全面分析可能产生的次生灾害，更未制定相应的预案，导致震后的次生冻伤、火灾严重。由于地震发生于寒冬腊月，震后降雪气温骤降，最低温度达－20℃以下，多数人住在不防寒的简易防震棚内，造成了严重的冻伤。防震棚多系易燃材料搭成，加之冬季严寒取暖、做饭、照明等，造成了较严重的火灾。据统计，火灾及冻灾共伤亡8271人，其中冻死和捂死372人，冻伤6578人；震后共发生防震棚火灾3142起，烧死341人，烧伤980人，占总伤亡人数32%，比例相当惊人。

那么如何来看待这次成功的预报呢？一是自邢台地震周总理提出“以预防为主”的号召以来，地震科技工作者深入研究邢台地震前的有关地震活动信息以及其后近十年发生的10多次7级大震有关的地震活动信息，对地震预测预报进行认真探索、总结，及时抓住了海城地震前的前震信息、地球物理场的异常信息和宏观异常信息，作出了正确的预测。二是当地政府带有高风险的果断决策，才会产生具有减灾意义的正确预报。可以这么说，成功的预报是科学的预测和政府风险决策的有效结合。三是地震前兆（能反映地震孕育和发生的物理、化学及其他自然现象）在局部地区重复，为地震预测提供了前提条件。海城地震，其预报成功是由于1973年9月以来的金县短水准异常以及小地震群、前震活动、水、宏观等突发性异常的相继出现、此起彼伏地发展，使地震发生的危险时间和可能地点逐步“缩小”，特别是前震的发生和正确的判断在最后确定发震时间和地点上起了关键的作用。

海城地震的经验有若干不可重复之处。最重要的一点是，海城地震的前震序列特别明显，依据邢台地震“小震闹、大震到”的经验判据，地震专家们可以把海城地震前出现的一些异常现象确定为前兆异常。

海城地震的成功预报震动了世界，这是人类在自然灾害面前由被动到主动迈出的具有重大意义的一步，开创了人类地震短临预报成功的先河，让人们看到了地震预报的希望。1976年6月，美国"赴海城地震考察组"负责人雷利教授在地震现场说："中国在地震预报方面是第一流的。海城地震预报是十几年来世界上重大的科学成就之一"。

1.5 唐山地震——20世纪让人刻骨铭心的地震劫难

1.5.1 历史将永远铭记的这一个时刻

公元1976年7月28日，北京时间3时42分53.8秒。仅仅在一秒钟之前，地球的表面还是如此平静。

在此前一两天，整个唐山市及其周边地区气温普遍颇高，人们感觉呼吸短促、胸口堵闷、烦躁不安。27日前半夜唐山市区绝大多数市民被这种异常的燥热从屋内驱赶到街头巷尾。午夜时分，人们才陆续回到房中，可是依然难以入睡。

然而，一场可怕的灾难正在逼向人们。7月28日凌晨3点过后，唐山大地上空，颜色怪异的地光到处闪烁，不时有强大的"信号灯"般的光芒照得大地亮如白昼；3时42分，闷雷般的地声由地下滚滚而来，似风吼雷鸣；42分53秒，地光和地声达到了高潮，随着地面突然卷起的一阵黑色旋风和巨大声响，几道骇人的光亮刺破漆黑的夜空，大地疯狂地颤抖起来。

这是一场罕见的天灾。1976年7月28日3时42分，河北省唐山发生7.8级强烈地震。这是震惊世界的大劫难，是中国历史上一次罕见的地震灾害，被认为是400多年世界地震史上最悲惨的一次。相当于400颗核弹威力的剧烈震动摇撼唐山大地。

惊恐、慌乱、惧怕、求救、鲜血、悲痛，短短的十几秒强烈地震，一座城市经历了前所未有的浩劫而被夷为平地，一百多万人经历了肉体和心灵的伤痛而徘徊在生死边界。几乎没有一个家庭幸免，每5个幸存的唐山人中就有一个重伤员。唐山地震是极为少见的城市直下型地震，其灾难之惨重，损失之巨大，是人类历史上罕见的，被列为20世纪10次破坏性最大的地震灾害之首，24.2万人死亡，70.7万多人受伤，其中16.4万多人重伤，80％以上正在酣睡的人们来不及逃生就被埋在瓦砾之下，7200多个家庭全家震亡，上万个家庭解体，4204人成为孤儿；97％的地面建筑、55％的生产设备毁坏；23秒内，交通、供水、供电、通信全部中断；直接经济损失人民币30亿元；23秒内，一座拥有百万人口的工业城市被夷为一片废墟(见图1.1)……

整个华北大地在剧烈震颤。天津市发出一片倒塌房屋的巨响，正在天津访问的澳大利亚前总理惠特拉姆被惊醒，他所居住的宾馆也出现了可怕的裂缝。北京地区摇晃不止，人民英雄纪念碑在颤动，砖木结构的天安门城楼上，粗大的梁柱发出仿佛就要断裂的"嘎嘎"的响声。北至黑龙江省满洲里，南到河南省正阳、安徽省蚌埠、江苏省靖江一线，西至宁夏回族自

图 1.1　震后的唐山

治区的吴忠、内蒙古自治区的磴口一线，东至渤海湾岛屿和东北国境线，这一广大地区的人们都感觉到了异乎寻常的摇撼。据调查，唐山地震的破坏范围超过 3 万平方公里，有感范围波及全国 14 个省区，总面积约相当于国土面积的 1/3，其中陆地面积约为 217 万平方公里，占全国总面积的 23%。

震后的唐山大地，房屋倒塌，烟囱折断，公路开裂，铁轨弯形，地面喷水冒砂；全市通信中断，交通受阻，供电、供水系统被毁坏，整个唐山市成为一片废墟，景象惨不忍睹。曾经参与救灾的一位身经百战的老将军说，他经历了太多的生生死死，看过了太多的血腥战场，但从未见过像唐山这样满城尸首横卧、残肢断体、脑浆涂地的惨烈的场面。唐山地震发生在"文革"后期，当时的"四人帮"造成政局混乱，国民经济面临崩溃的边缘，尤其是极左思想严重，可以说唐山地震是灾不逢时。

唐山地震的震害之大，从下列事实中可见一斑：全市供水、供电、通信、交通等生命线工程全部破坏；所有厂矿全部停产；所有医院和医疗设施全部破坏；大量伤员无法就地治疗。唐山电厂、陡河电厂厂房倒塌，设备损坏，烟囱断裂；变电站、输电线路严重破坏，总计影响已投入运行和正在建设的发电设备，约占京津唐电网发电量的 30%。通信楼房倒塌，砸坏通信设备；市内和长途电信线路严重破坏，导致唐山地区 15 个市、县、区对内对外通信全部瘫痪。京山铁路破坏十分严重，地震时正行驶在京山线的 7 列客、货车和油罐车脱轨。铁路桥涵严重破坏达 45%。蓟运河、滦河上的两座大型公路桥梁塌落(见图 1.2)，切断了唐山与天津和关外的公路交通。全区 71 座大中桥、160 座小桥和千余道涵洞及 280km 的油路遭到严重破坏，公路基本阻断。市区供水管网和水厂建筑物、构造物、水源井破坏严重，供水中断。开滦煤厂的地面建筑物和构造物倒塌或严重破坏，停电使井下生产中断，近万名夜班工人被困在井下。

图 1.2 唐山陡河大桥

1.5.2 灾后重建见真情

面对如此严重的灾害,党和政府迅速采取和实施了国家级的救灾对策,实行以解放军为主体、各专业抢险救灾队伍大力协同、现场救护和以邻近的轻灾区及外省市为强大后方的救援体制,展开了大规模的抗震救灾工作。

7 月 28 日晨 6 时,党中央、国务院在北京召开唐山地震救灾紧急会议,决定建立中央救灾指挥部,调集解放军北京部队、沈阳部队及有关军兵种部队参加救灾。由于地震导致近百万人被压埋,水、电、通信和交通中断,抢救、抢修、抢通和抢运成为抗震救灾最紧迫的任务。

参加抗震救灾的十几万解放军进行了大规模的抢救工作。驻灾区部队最先投入抢救,投入兵力占部队总救灾兵力的 20%,但救出的群众占部队总抢救人数的 96%,充分体现了就近及时抢救的作用。其他部队则迅速开进,分片部署,本着先易后难的原则,因地制宜,全力抢救,创造出许多救灾史上的奇迹。地震 6 天以后,还从震塌的楼房里救出 10 名被困人员,其中埋压的人员被困最长时间达 12 天零 15 小时。

邮电部组织了 9 个省、市、自治区邮电部门和部直属单位共派出抢修队伍 1200 多人和大批车辆、通信设备,进行应急抢通,保证了应急指挥,于 9 月 1 日前基本恢复了震区邮电通信。

军、民航空部门则迅速架起空中桥梁,承担了巨大的救灾空运任务。指战员打破常规,增加空运吞吐量,在空投食品、内运救灾人员和应急物品、外运伤员等方面发挥了特殊作用。据统计,震后半个月内,唐山机场起降各类飞机 2885 架次,平均每天近 200 架次,7 月 31 日一天达 354 架次,平均 2 分钟就有一架飞机起降。

震后,13 个省、市、自治区和解放军、铁路等系统的 2 万名医务人员组成了 280 多个医疗队、防疫队携带药品器械到达灾区，迅速开展了规模巨大的医疗救护和卫生防疫工作。据全区不完全统计，急需治疗的伤员（不包括小伤）达 70.8 万人，其中重伤 16 万人。为此，抗震救灾指挥部合理部署医疗力量，全力进行现场救护，同时根据国务院决定，检伤分类，组织后送，开始了历史上罕见的全国范围内的伤员大转移。截至 8 月 25 日，共动用 159 列火车，470 架次飞机，将 100 263 名伤员运往吉林、辽宁、山西、陕西、河南、湖北、江苏、安徽、山东、浙江、上海 11 个省市。

大震也带来了严重的环境污染和疫情。据统计，震后几天，饮水中的大肠杆菌数超过国家饮水卫生标准的几十、几百甚至成千上万倍，震后三四天就发生大量的肠炎、痢疾，一周左右达到高峰，市区患病率高达 10%～20%，农村高达 20%～30%。8 月 3 日前后，7 个外省、市、自治区和河北本省各地的防疫队 1200 多人携带药品器械，火速赶到灾区，迅速开展了声势浩大的防疫灭病运动，次年春暖季节，唐山安然度过灾后的传染病暴发期，传染病发病率比常年还低，创造了大灾之后无大疫的奇迹。

1.5.3 地震预报是世界科学难题，经验性预报没有普遍的适用意义

依靠邢台地震以及其后发生的一些大地震积累和总结的经验可能适用于海城地震的预报，却在唐山地震的预报判定上显得力不从心。唐山地震前没有前震，宏观异常和动物异常出现也较晚，而且由于海城地震和唐山地震间隔时间仅 1 年半，空间距离仅 400～500 公里，同时在内蒙和林格尔发生 6.2 级地震，天津西南的大城发生 4.1 级地震，华北北部地区的异常更加复杂化，从而使人们对下一步震情发展难以判定，地震工作者难以区分出现的大量前兆异常是前面地震的后效，还是未来大震的前兆。

在唐山大震前（1976 年 5 月、6 月、7 月），北京、天津、唐山、张家口地区不少地震台站和群测点，观测到不同程度的前兆异常；5 月开始，唐山和天津台站的地下水位、地电阻率加速下降，此后各种各样短期突发性异常逐渐增多，临震前一两天，北京、天津、唐山、张家口地区出现大量明显的地下水、动物习性异常，以及声、光、电等宏观异常现象。应当说，6 月、7 月已模糊地觉察有情况，但又看不准——对地震异常与非地震异常、前兆与后效、异常与干扰等分辨不清，看法不一；适应震情需要的措施未能及时落实，对异常深入研究、核实、讨论不够，大量宏观异常现象未及时汇集起来，对临震异常现象掌握不多，标志把握不准，缺乏不同大震临震类型的经验，尤其是像唐山地震如此长的趋势异常（至少 6 年以上），如此多样复杂的短期、临震异常，是前所未见的。

为了对当时唐山、滦县的地震危险进行地震地质考察，河北省地震局于 1976 年 6 月下旬派出 6 位同志赴唐山进行考察，地震时全部遇难。尽管人们做了种种努力，却未能对唐山地震作出短临预报。从根本上说，是没有从科学上认识地震孕育发生的规律，预报是经验性的，对地震前兆的认识局限于地域性，没有普遍适用的意义。沉浸在海城地震预报成功喜悦中的地震工作者遭受到十分惨痛的教训，清醒地认识到地震预报是世界科学难题，距离解决地震预报问题还相差很远。成功预报的地震毕竟是少数，未能作出成功预报的地震是多数。

地震预报是目前世界上公认的科学难题，这是因为地球内部始终发生着大量的各种现象，这些现象既在整体上改变着地球的性质，也改变地球某些部分的性质。地球在时间上处于发展中。地震特别是大陆地震的孕育和发生是在复杂的地壳深部环境中，在复杂的动力作用如边缘板块挟持挤压、局部地幔对流及环境动力因子作用，以及断层带和地质块体之间相互作用下的构造活动自组织演化过程。对这种复杂的地震物理过程，人们还知之甚少。目前所提出的一些地震成因理论和地震孕育模式，尽管在不同程度上勾画了地震成因的图像，但离科学揭示地震孕育、发生规律还有很大的距离。因此，目前的地震预报是在对地震孕育、发展、发生规律尚不十分清楚的情况下进行的，这就从根本上制约了地震预报水平的提高。

地震发生在地壳内部10～20公里之下，目前人们还不能进入地球内部去安装仪器直接观测震源的孕育发展过程及其前兆现象。当前地震科学家只能在地球表面及地表浅层利用数量有限、分布相当稀疏的台网开展地震活动和前兆观测。利用这些在地表获取的资料很不完善、不充足，有时还用很不精确的资料去探测和反演地壳深部的震源过程，显然困难重重。在目前情况下，无论是资料、方法、技术还是理论都极不成熟。

地震发生的小概率性也制约了经验的积累。尽管世界上每年发生数以百万计的地震，但发生在陆地的大地震数量并不多。如世界上大陆地震最多、最强的我国，7级以上的大震也只是平均每年1次。其中1/3发生在台湾地区及其邻近海域，2/3发生在大陆地区和沿海。而发生在大陆地区的大地震中，85％又发生在西部地区，其中大多数又发生在人烟稀少、台网很难监测的青藏高原及其周边地区，因此要获取足够多的大震震例资料十分困难。不同地区的地震特点、活动规律、前兆表现往往又有很大的差异；同一地震区，大地震的孕育发生有很长的时间，亦即大震复发时间很长，如我国东部地震区，7级以上的大地震往往千年一遇。因此，要在短期内积累足够多的震例资料并揭示地震孕育发生的规律也是不现实的。

现今，地震监测预报依据的是地球板块构造运动理论，主要运用物理方法在地壳表层探测一些数据进行分析和对比，结合地质普查的地质构造资料以及历史地震资料和统计数据规律，进行一些试探性的地震预报，或者叫经验式预报，还没有上升到气象预报那样有把握的物理式预报阶段，换句话说，现在对地震发生的机制与规律还没有真正清楚的认识，目前还无法作出准确的地震预报。

鉴于地震预报所面临的种种困难，各国科学家都公认，地震预报需要长期的科学探索和探索过程中的科学积累。其中，加强地震预报探索中的基础研究则更是普遍一致的共识。

1.5.4 震后思考——抗震设防是关键

地震前的唐山是一个不设防的城市，抗震设防烈度只有Ⅵ度。唐山地震劫难后，人们开始思考城市抗震设防的问题。城市是所在地区的政治、经济、文化、交通的中心，是人口密集、财富集中、建筑物密度较高、基础设施和生命线工程较为发达的地区，一旦破坏性地震发生在城市或城市附近，会造成严重的人员伤亡和经济损失。因此，防震减灾的重点在城市。

近年来，尤其是新的《防震减灾法》颁布以来，我国对城市抗震设防提出了更高的要求，建设平安城市也是经济建设和发展中必不可少的重要内容。

小贴士

建筑震害成因

地震发生时，建(构)筑物倒塌是造成人员伤亡和财产损失的主要原因之一。而造成建(构)筑物倒塌的原因(以下简称“成灾原因”)有许多，主要有下列几种。

成灾原因之一：没按抗震设防要求设计。破坏性地震并不是经常发生的，根据我国目前工程结构抗震设防准则：“小震不坏，中震可修，大震不倒”，对每个地区的工程结构都应按照相应的抗震设防要求进行抗震设计。不按要求进行抗震设防的工程结构在地震荷载(力)作用下将遭到破坏。唐山地震，使整个城市顷刻间化为一片废墟，就是由于当时唐山是未设防的城市。

成灾原因之二：构造地震的发生，一般是由于活断层错动造成的，尤其是建在活断层上的建筑物会遭到严重破坏或倒毁。

成灾原因之三：位于软弱地基上(如海边、河湖边等)上建造的建筑物，由于地基在地震时会发生液化、塌陷等现象，造成地基失效，位于这种软弱地基上的建筑物，会遭到严重破坏。

成灾原因之四：抗震设计不合理。新建工程结构必须按照抗震设计规范来进行抗震设计，未按规范设计建造的建筑物地震时就会遭到破坏。如有的建筑物在设计时底层隔墙过少、空间过大；有的多层砖房没按要求加圈梁、构造柱；有的没按限定高度设计等，都有可能在地震时遭到破坏。

成灾原因之五：不按标准施工。经抗震设计的工程结构，必须按照相应的标准施工。近些年国内外破坏性地震的震例中，不按标准施工、偷工减料、局部构件抗震能力不足而被摧毁的房屋建筑和豆腐渣工程屡见不鲜。

1.6　南黄海地震——稳定社会的快速、准确的震后地震趋势预报

当大中城市或其周围发生了普遍有感的中强地震时，即使城市没有遭受破坏，市民还是会惊慌失措，惊逃户外，社会经济活动处于停滞或混乱状态。从政府到市民普遍关心的是地震之后会不会发生更大的地震。地震工作部门不可回避，而且必须作出正面回答，震后趋势判断必须公开向社会发布。

1996年11月9日21时56分，距上海市中心160公里左右的南黄海发生6.1级地震，上海、江苏、浙江的部分地区震感明显。在上海市，地震没有直接造成人员的伤亡，也没有造

成任何的破坏,但市民还是惊逃户外,少数人在外逃的过程中因挤、碰、扭、踩而受伤,轻伤263人、重伤54人,还有8人死于地震引起的惊恐或事故。上海市的街道、广场人山人海。逃出室外的人们怀着不安的心情到处询问,地震在哪里?震级多大?还会有更大地震吗?能回到室内休息吗?要不要停止生产?从各级党政领导到广大市民,共同关心着这座中国最大的城市的社会经济生活能否正常运行。上海市地震局大门外聚集了数以千计的市民,要求地震部门尽快作出回答。

地震发生后,上海市地震局领导和科技人员全部迅速到位,各项应急工作紧张而有序地进行。震后1小时20分,上海市地震局《第三号震情通报》向上海市委、市政府报告了"南黄海近期不可能发生更大的地震,即使再度发生地震,也不会使上海造成破坏"的震后趋势。10日0时20分,上海人民广播电台、上海电视台以滚动宣传形式,反复播放经市政府批准的震情新闻公告,聚集在马路、广场上的市民陆续返回家里,全市趋于平静,市民情绪稳定。第二天,全市社会经济生活正常运行,一场可能造成巨大损失的地震事件在极短的时间内就平息了。

南黄海地震告诉我们,城市或人口密集地区发生有感地震后,作为社会公众来说,首先要知道震时如何应急、如何避震,以避免不必要的损失;对于地震部门来说,做好平时的基础工作,才能在震后较好地把握预报决策,起到稳定社会的作用。

1.7 巴楚—伽师地震——启动农村民居地震安全工程

新疆维吾尔自治区是我国的主要地震活动区,许多地方尤其是边境偏远地区成为地震多发区域,有时一场大地震就能摧毁整个县城。2003年2月,新疆巴楚—伽师发生6.8级强烈地震,造成268人死亡,是新疆维吾尔自治区成立后死亡人数最多和直接经济损失最为严重的一次破坏性地震。这次地震给巴楚县琼库尔恰克乡的房屋以毁灭性的打击,造成重大的人员伤亡,而距震中较近的伽师县几个乡镇却损失轻微。地震造成的灾害如此重大,地震震级较高是其固有的原因,但当地房屋结构不合理是其直接因素。

首先,巴楚灾区房屋没有地基,建立在平地上的房屋是没有稳定性可言的;其次,建房屋的土坯没有加工过,质地很松散;第三,所有的土坯是靠泥垒起来的,与传统的砌法有很大区别,土坯之间相互都不啮合;第四,房屋跨度大,又没有支撑,加之房梁过细,所以稳固性极差。此次地震损失较小的伽师县,自1996年共发生5级以上地震18次,经过这一连串强烈地震,重建的伽师县城乡房屋基本上都是砖混结构的,抗震能力较强。可见,建筑物的质量差异是造成两县震害差别的直接原因。

此次地震在两个县产生了不同的震害,暴露了农村抗震设防的薄弱。在广大的农村,由于受经济条件和传统观念等因素的影响,农民盖房一般是自行设计,自找工匠,结伙施工,常常是建房无图纸,工匠不培训。2004年初,针对中国农村民居防震能力薄弱的现状,18位两院院士提出实施农村民居地震安全工程的建议。温家宝总理、回良玉副总理和曾培炎副总理对18位院士联名提出的"地震安全农居工程"建议书作出重要批示。回良玉副总理在2004年7月20日召开的全国防震减灾工作会议上指出，各级政府和有关部门要加强对农村地区，特别是少数民族和经济相对落后地区的防震减灾工作的指导，通过政府给予适当补贴、制定优惠政策，及时启动"地震安全农居工程"，尽快提高农村地区的防震能力。《国务院关于加强防震减灾工作的通知》(国发[2004]25号)明确要求，地方各级人民政府必须高度重视并尽快改变农村民居基本不设防的状况，提高农民的居住安全水平。各级地震、建设部门要组织专门力量，开发推广科学合理、经济适用，符合当地风俗习惯，能够达到抗震设防要求、不同户型结构的农村民居建设图集和施工技术，加强技术指导和服务。对地震多发区、高危险区的农村建筑工匠进行培训，提高农居建设施工质量。地震重点监视防御区县级以上地方人民政府，要通过政策引导和扶持，在农民自愿的基础上，组织实施"农村民居地震安全示范工程"，总结经验，以点带面，提高农村民居抗震能力。同年，新疆率先实施"城乡抗震安居工程"，旨在通过政府部门的引导与投入，使广大民众摆脱由地震带来的生命和财产威胁。

目前，农村地震安全工程由示范到逐步推进，政府已将农村民居的防震抗震工作，作为推进农村社会事业发展的重要内容，作为防震减灾工作的一项重要任务，采取措施，稳步推进。

1.8 江西九江地震——少震、弱震区仍可能发生破坏性地震

1.8.1 震级不高但震害不小

2005年11月26日8时49分，江西九江、瑞昌间发生5.7级地震。地震波及湖北、安徽、湖南、浙江、福建、江苏、上海等省市。全部受灾人口约40万，江西、湖北两省共12人死亡，九江境内70多人受伤，6018户约1.8万间房屋结构性毁损，数十万人被迫转移，城乡大量基础设施被毁。以往震例说明，震级小于6级的地震一般很难在地表留下多少地震变形现象，但九江、瑞昌5.7级地震却造成相当丰富的地表永久性地震变形遗迹，主要包括地震裂缝、地震陷坑(含水下陷坑)、地震砂土液化。

此次地震震级并不很高，但给当地带来的灾害却不小。其中最主要灾害是震区房屋破损严重，多数表现为外表无明显破坏，内里酥裂，即"外表尚可，内伤严重"，墙体多呈X形剪裂。

九江历史上是少震弱震地区。据史料记载，1911年发生过一次5级地震，此后90多年来再没有发生过5级以上地震。这次在被人们视为少震弱震的赣北地区发生了中强地震，且地震造成了较严重的震害，让人们对少震未必就是不震有了新的认识，那就是少震弱震地区仍可能会发生破坏性地震，不能因为长期没有发生大地震而高枕无忧，而是应积极地做好地震应急防范准备，宁可有备无震，不可有震无备。

九江各种建筑的防震标准依然较低，乡村民宅更是几乎不设防，农村房屋普遍不设防，当地传统民居为空斗墙房屋，墙体经不起地震水平向力的作用，许多房屋的砌筑质量差，砌筑墙体的砂浆中水泥含量很少，甚至只用泥浆加石灰砌筑，强度低，粘结力差，绝大部分严重破坏的民房都是用不合格的砂浆砌筑的。震区房屋大多为2～3层开间大、墙体薄、空斗墙的"大头房"，2层以上往往超出底层1米多，造成房屋"头重脚轻"，此类结构房屋极不利于抗震。在农村所建房屋许多是单砖墙，这样的建筑抗震性非常差；还有一些挑檐、女儿墙做房屋外装饰，地震发生时这些挑檐、女儿墙最易掉落倒塌，此次5.7级地震造成较为严重的震害，与此类建筑有直接的关系。此次地震属于城市直下型地震，震中处于瑞昌市城区边缘，老城区及城乡结合部位的房屋大多是老旧建筑，普遍缺乏抗震能力，地震对城区房屋造成巨大破坏。震区人口稠密，房屋建筑比较集中，户均建筑面积大，损失重。九江地区地基地质条件差，软土、地表水系和水体发育，广泛分布古湖泊等软土地基，一定程度上加重了地震灾害。

江西省及其周边地区历史上地震频率低、震级小，广大群众对地震的认知程度和警惕性不够，长期以来群众的防震意识淡薄，各级政府在防震投入上欠账较多。一些民众慌不择路，盲目逃生，绝大部分并非是直接被震塌的房屋压死，而是被附近掉落的屋顶砖瓦、墙头上震毁的女儿墙等砸死。

江西九江、瑞昌地震又一次向我们敲起了警钟：历史上没有强震记载的地区不等于今后也不会发生地震。历史上的少震弱震区发生强震并遭受重大损失的例子已有不少，如1995年1月17日日本大阪、神户7.2级地震，2003年12月26日伊朗巴姆7.0级地震，以及1976年发生在我国的唐山大地震等都属于此类情况。毕竟人类对地震的认知和记录是有限的，因此传统说法中的少震弱震区不能高枕无忧，要立足于有震，着眼于防大震。

1.8.2 此次地震再次提醒人们应重视规划选址与抗震

据专家分析，九江地震房屋损毁严重的原因一是建构筑物选址不当，二是农村房屋基本不设防，城镇建筑对国家最低抗震标准也执行不够，城乡出现大量无防震处置的建筑设施。

九江、瑞昌一带地处长江南(右)岸，很多地基以河流沉积、湖泊沉积的较为松软的沙土为主。这次破坏较重的地带多位于上述地域。所以，建构筑物选址要尽可能采取避让措施。

在中国地震动参数区划图(GB 18306—2001)上，九瑞地区属0.05g(Ⅵ度)区，这次地震现场所见严重毁损的房屋，大多未落实最基础的抗震措施，具体表现为：无圈梁，无构造柱，甚至采用无抗震能力的空心斗墙结构，而且普遍未采取水泥砂浆勾缝，所以不仅极震区毁损倒塌不能幸免，就连Ⅵ度区、Ⅴ度区也有不少严重损坏的房屋。

痛定思痛，总结这次地震灾害的教训，应当做好重建民居点选址、尽可能避让不利场地条件，强制执行国家防震标准。

1.8.3 防震减灾宣传教育

据有关部门调查，由于当地多年没有发生地震，学校从没有开展防震避震知识教育。如果平日能做好防震减灾宣传，地震来临时积累的减灾知识就是逃生时本能的反应。灾害降临时，选择逃跑是多数人求生本能的反应，但躲避灾难并不等于盲目逃离。尽管《中华人民共和国防震减灾法》对防震减灾科普知识的宣传教育做了明确的规定，各地也陆续制定了地震应急预案，但部分地区由于多年没有发生破坏性地震，将应急预案仅仅停留在了字面上，而对公众的防震避震应急演练近乎空白。这就是不少民众对避震知识了解甚少和遇灾自救能力差的症结所在。

这一血的教训提醒有关部门，地震应急预案是不是真正能防灾，是不是能够最大限度地减少人员伤亡，仅有字面上的方案是不行的，仅有专业救灾人员知晓和参与也是不够的，必须让社会公众广泛参与，让他们接受基本的防灾减灾培训。同时，广大群众也应自觉培养防灾减灾意识，学习有关知识，积极参与配合防灾减灾演练。政府与公众共同织就一张公众安全的“保护网”。

1.8.4　必须重视农村的抗震设防

农村的基础设施和农房抵御地震灾害的能力较低，存在较大的震灾隐患，因而应当重视农村的抗震设防。

此次地震中破坏严重的房屋，几乎都是一些农民自己盖的砖瓦房（见图1.3），而市区正规建筑物所受的损害却相对要小很多。老百姓在建房时，一般多从防火、防风、防雷电的角度考虑，而对于防震，几乎没有经验可循，农村建筑基本不设防，抵御地震灾害能力十分薄弱，抗震普查和抗震加固等工作更是一片空白。

随着经济发展，城市建设、村镇建设和工程建设规模不断扩大，抗震防灾工作面临着新的矛盾和问题。2006年建设部组织专家编制了《村庄与集镇防灾规划标准》，对村镇的防灾规划进行规范，以尽快结束农村房屋基本不设防现状。国家给予政府补贴、税费减免等优惠

图1.3　不设防的农村住房在九江地震中破坏情况

政策，各地政府已出台了相关政策，结合当前的社会主义新农村建设，鼓励农民自己开展抗震设防工作。

小贴士

减轻震害措施

1. 减轻震灾的工程性措施

一是加强工程结构抗震设防，提高现有工程结构的抗震能力。二是开展地震安全性评价工作。地震安全性评价系指对具体建设工程地区或场地周围的地震地质、地球物理、地震活动性、地形变等研究，采用地震危险性概率分析方法，按照工程应采用的风险概率水准，科学地给出相应的工程规划和设计所需的有关抗震设防要求的地震动参数和基础资料。经审定通过的地震安全性评价结果，即可确定为该具体建设工程的抗震设防要求。三是开展重大工程与生命线工程的抗震设防。重大工程与生命线工程指大型的水电站、核电站、通信、交通及供水供电等，这些设施遭受地震破坏，其危害性大，损失严重，甚至会造成城市功能的瘫痪，因此，相对于一般的建筑结构，要求对重大工程与生命线工程提高相应的抗震设防要求。

2. 减轻震灾的非工程性措施

一是建立健全有关的法律。《中华人民共和国防震减灾法》是我国人民几十年来防震减灾的基本经验的结晶，也是党中央关于防震减灾工作一系列方针、政策的法制化、制度化，它的实施，为我们在社会主义市场经济条件下进一步做好防震减灾工作提供了法律依据和保障。《中华人民共和国防震减灾法》及一系列的配套法规的制定，标志着我国防震减灾工作进入了法制化管理的新阶段。二是做好防震减灾规划的编制。我国约有80%的国土处于基本烈度Ⅵ度及以上的地震区，提高我国城镇和企业的地震灾害综合防御能力非常重要。各级人民政府应把防震减灾工作纳入国民经济和社会发展计划，编制防震减灾规划成为提高我国综合防御地震灾害能力的一项重要措施。三是制订地震应急预案。地震应急工作是指破坏性地震临震预报发布后的震前应急防御和破坏性地震发生后的震后应急抢险救灾。地震应急是防震减灾工作的一项重要内容。破坏性地震发生后，及时、高效、有序地开展地震应急工作，可以最大限度地减轻地震灾害。

1.9 汶川8.0级大地震——共和国为平民的生命哀悼

1.9.1 悲情巴蜀

2008年5月12日在四川省汶川县发生的特大地震，是新中国成立以来破坏性最强、波及范围最广、救灾难度最大的一次地震灾害。

此次地震的特点，一是强度大、烈度高、地表破裂长、释放能量多。震级达到8级，最大烈度达Ⅺ度，超过了1976年唐山大地震；二是影响范围广。四川、甘肃、陕西、重庆等省市的417个县、4656个乡(镇)、47 789个村庄受灾，灾区总面积44万平方公里，重灾区面积达12.5万平方公里，受灾人口4624万，其中四川省灾区面积达28万平方公里，受灾人口2983万；三是余震频次多。截至6月30日12时，累计发生余震13 685次，其中4～4.9级190次，5～5.9级28次，6级以上5次。据地震部门预测，余震活动还会持续一段时间，最大强度为6.5级左右；四是救灾难度大。重灾区多为交通不便的高山峡谷地区，加之地震造成交通、通信中断，救援人员、物资、车辆和大型救援设备无法及时进入。

这起历史罕见的地震灾害所造成的巨大破坏，举国震惊，举世关注。汶川8.0级大地震的灾情可用“山崩地裂、房倒屋塌、生灵涂炭、满目疮痍”来形容(见图1.4)。灾情特点：一是人员伤亡惨重。已确认因灾遇难69 227人、失踪7923人、受伤374 176人，共紧急转移安置受灾群众1510万人；二是房屋大面积倒塌。倒塌房屋778.91万间，损坏房屋2459万间。北川县城、汶川映秀等一些城镇几乎夷为平地；三是基础设施严重损毁。震中地区周围的16条国道省道干线公路和宝成线等6条铁路受损中断，电力、通信、供水等系统大面积瘫痪；四是次生灾害多。山体崩塌、滑坡、泥石流频发，阻塞江河形成较大堰塞湖35处，2473座水库一度出现不同程度险情，直接经济损失约8450亿元。

图1.4　北川县城一片废墟

汶川地震催人泪下，生死转换就在一瞬间。母亲穹身挺起生命的脊梁，身下是熟睡的宝宝；老师张开双臂挡住坍塌的楼房，臂下守护的是他的学生；人民的好总理到灾区看望百姓，在学校的救援现场向废墟下的孩子们喊：“我是温爷爷，一定有人来救你们”，两代总理一样情，让每一个中国人泪水涟涟；人民的子弟兵那片灿烂的迷彩把灾难驱赶；学校、社区、乡村，人们挽起臂膀，献血的队伍排成了长龙；行行业业不同的人，拿起积蓄为灾区人民捐款；共和国为平民的生命哀悼，降半旗的天安门广场上，人们喊出了惊天动地的口号：

"中国加油！四川挺住！"

1.9.2 震后思考

在实践中总结的地震预测经验有其局限性、片面性，地震规律有待进一步探索和认识，限于现阶段科学认识能力，地震预测仍是当今世界性的科学难题之一。我国的地震预测工作与其他学科起步所经历的过程一样，都包含了曲折的经验积累和规律探索阶段。经过40多年的探索，地震监测预报工作已取得了一些初步成果，尽管成功预报的地震事件不多，但毕竟还是让人看到了成功的希望。正是这刚刚到来的喜悦，被突如其来的汶川地震当头棒喝。地震工作部门的地震预测努力，遭受了自从正式开展地震预测研究与实践以来最严重的挫折，惨重伤亡和重大经济损失在地震工作者心头蒙上了难以拂去的阴霾。我国的地震预报探索在失败中反思，在反思中进取，百折不挠地向前奋进。历史证明，每一次重大挫折，必定激励起地震工作的极大进步。1966年邢台7.2级地震，促使我国大规模开展地震监测预报工作，在"边观测、边研究、边应用"的思想指导下，我国初步建立起一定规模的地震监测台网，较系统地开展了地震预测研究，群测群防、专群结合促使1975年2月3日海城7.3级地震的成功预报，使得地震伤亡数字降到最低，实现了人类历史上的第一次地震预报的突破；1976年7月28日唐山7.8级地震的预报失败，对当时地震预测工作产生了很大的震动，经过深入反思，人们逐渐意识到，地震预报中仍有许多规律尚未被人类掌握。经过唐山地震的挫折，我国地震工作者未被困难吓倒，继续坚定信念，在"继承和发展"的思路指导下，地震监测台网布局得到进一步优化，观测技术不断取得进步，初步形成了点（台站）、线（测线）、面（网）相结合，地面和空间技术相辅相成的立体观测网络的雏形，同时对地震孕育过程的认识和地震发生规律的探索取得一定进展，取得了诸如1994年2月12日青海共和5.8级、1995年孟连7.3级、1996年12月21日四川巴塘—白玉5.5级、1999年11月29日辽宁岫岩5.4级等多次中强地震的预报成功。然而，2008年5月12日汶川8.0级地震的漏报再次表明，人们尽管对地震孕育及发生过程有了一些认识，但是，还远未对其发生规律有实质性的了解。

地震预测至今仍处于以经验为主的阶段。所谓地震预测经验是人们在过去的观测、实验等条件下，尤其是在对大地震的可能性前兆的监测与识别研究实践中所得到的认识。这意味着实践者所拥有的经验与多种因素，如观测、实验的条件，实践的机会与经历等有关。因此，不同实践者所拥有的经验有别，甚至可能差别很大。对每个实践者来说，所拥有的经验既有科学性的部分，也有局限性、片面性，甚至错误的部分。汶川地震预测失败的原因是多方面的，地震预测经验的局限性可能是其中一个重要方面。

我们通过有限的震例总结出的预测经验不是放之四海而皆准的，在不同的地区、不同的地震带，地震活动状态、地震能量积累、前兆的演化不同，不能完全照搬过去的或其他地方的经验。在今后的工作中，还应重视以下几点：

（1）加强基础研究，揭示地震孕育和发生的物理过程，探索地震预测理论和方法，将经

验预报上升为有坚实物理基础的预报

地震预报必须以一定的科学理论为指导，以科学的观测资料为基础，以预报经验为借鉴。人类对任何复杂事物的认识都有一个过程，从“不怎么全面、不怎么深入、不怎么准确”到“逐渐全面些、深入些、准确些”的过程。对地震的孕育发生这样一个极其复杂的构造物理现象的认识更是如此。

(2) 震灾预防是减轻灾害最有效的途径

“防震减灾工作，实行预防为主、防御与救助相结合的方针”，“预”是基础，“防”是关键。对世界上130多例伤亡巨大的地震灾害资料的统计说明，95%以上的伤亡是由于地震时引起的建筑物倒塌造成的，因此，提高建筑物抗震能力，以避免遭遇破坏性地震时严重损毁或倒塌造成伤亡，是减轻地震灾害的有效途径。建设工程依法严格按建筑抗震设防标准和设计规范进行设防，对抵御地震灾害、减少震灾损失、确保人民生命财产安全有着不可替代的作用。

(3) 本着“一队多用”的原则，培养一专多能的应急救援队伍

以往经验告诉我们，近距离救援是挽救生命最有效的办法。对公安、消防、森警、武警、民兵预备役等各行各业人员组成的志愿者进行地震搜救知识培训，在灾难来临时，就是一支快速反应的救援力量。抗震救灾是一项技术性很强的专业工作，具规模的救援力量也并非一时就可以集聚，或达到救援目的。应当对这些后备救援力量定期培训，保证每一兵员在服役期内接受1～2次培训，为今后正确施救做好知识技术储备。

(4) 大力开展防震减灾教育，让群众了解自己所在地区的地震危险程度，自觉自愿自我防范

防灾建设的理念是自救、互救基础上的政府施救，让群众了解救生知识是防灾建设的重要内容。应当结合各地区实际，编写系统的防震减灾知识读本，教育部门应将防震减灾知识读本纳入中小学课外读物和科普活动中。

开展防震减灾科普教育，应急演练必不可少。开展防震演习宜以学校、社区、乡村为单元，进行地震逃生、互救演习，让群众尤其是学生了解自己平时的学习、生活环境在什么地方有快速逃生的通道，地震来临时如何逃生，如何避险。地震从开始发生到房屋倒塌一般只有十几秒的时间，人要在这十几秒的时间里逃生，只能是下意识反应出的逃生通道，这个下意识就是平时演练时的反应。做好防震减灾，就是保卫经济建设成果，实现可持续发展。

1.10 美国旧金山地震——促进地震研究发展和地震安全性评价立法

1906年4月18日5时15分，一场强度为8.3级的大地震袭击了旧金山。这场大地震仅仅持续了75秒，但因距离市区较近，所以损失很大。这次地震是太平洋板块相对于北美

洲板块沿圣安德烈斯断层向西北方向滑动造成的。地表可见的断裂线长达400多公里。错动以水平方向为主,垂直方向错动很小。各处的水平错距并不相等,最大为7米。因为地裂缝也可能发生在附近的平行断裂带上,离开主断层线越远,地形变越小。正是这次地震促使美国人里德提出弹性回跳假说来解释地震成因。

如果不仔细观察,地震造成的巨大破坏好像没有规律可循,好像是反复无常的大自然随意制造的。但实际上有的建筑完好无损,有的则受到严重破坏,这主要是施工工艺、建筑材料和地基结构的区别造成的。淘金潮期间,在旧金山海湾进行了一些填海造地,这块“人造土地”其实就是由散土、朽木、石头和其他垃圾堆积而成,在之前的地震中已摇摇欲坠。当此次大地震到来时,这块土地在大地震面前就显得极为脆弱。此次地震也让人们意识到不良地基能扩大震害。

地震造成人员伤亡与经济损失的严重程度往往取决于多方面的因素。地震本身,如地震震级、发生地点、发生时刻、震源深度、地震类型;地表或断层的破裂规模;抗震设防情况,如是否设防、建(构)筑物的质量、场地条件;次生灾害的种类与规模;地震预报的水平;民众防灾减灾意识的高低;经济发展规模与程度等。发生在人口稠密、经济发达地区的地震损失大小总体上与建构筑物是否采取了合理的抗震设计以及建设质量的优劣密切相关。旧金山地震后,美国政府通过颁布法律法规及建筑物抗震规范标准,干预建筑抗震设防工作,规定房屋按146kg/m^{2}侧力设计。

随着科学技术发展水平的进步,抗震设计规范也在不断地发展和完善。世界各国政府十分重视对地震灾害的防御,力求能够将最新科学研究成果及时有效地应用于抗震设计,最大限度地抵御强烈地震的袭击,减轻地震灾害。特别是我国,最近十多年来,连续修订颁布了建筑抗震设计规范以及一些行业抗震设计规范。

回顾20世纪的地震历史,是一部地震惨烈破坏和人类顽强不屈的抗争灾难的历史。地震使一些城市变成了废墟,但人类依靠聪明才智和不断发展的先进科学技术,把倒下的城市又重新建成了繁华的现代化都市。越来越多的实例表明,人类通过科学合理的抗震设防等措施,能够在一定或较大程度上避免地震的毁灭性打击,达到有效减灾的目的。我们坚信,地震虽然是不可避免的,但它所造成的灾害是可以大大减轻的,甚至是可以避免的。

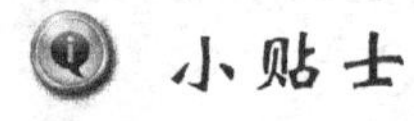

更好的抗震设计可以挽救生命

地震中的人员伤亡大多是由于房屋倒塌砸压人身而造成的。如果房屋建造得能抵挡地震波的震动,这就意味着战斗已打赢了一半。在许多国家,尤其是在日本和美国易受地震袭击的地区,在研究抗震建筑物方面已取得了巨大的成效。现在的旧金山,人们将分层的钢和橡胶块体置于建筑物下面,充作减震器。在日本,科学家创造了“聪明建筑物”,它们配备传感器来探测和对付地震震动。墙脚下的传感器检测到震动并立即将信息传送到一台计算机里,然后由计算机启动一个液压动力装置,该装置借助一个钢锤迅速改变建筑物的重心来保持建筑物的稳定性。

1.11 日本关东地震——震后次生灾害远远大于主震灾害

1923年9月1日的一场震源在东京西南方向90公里的7.9级大地震,让人烟稠密、城镇林立的关东大平原上所有土地都如海水波涛一样上下起伏,丘陵、山峦急剧扭动着;10万余间房屋轰然倒塌;横滨港、东京湾8000余艘船只顷刻沉没;东京帝国大学的地震仪指针全部被震飞。由于强度太大,此后几十年,人们还在为这场地震是7.9级还是8.2级争论不休。

东京全城在这场灾难里丧生的14万余人中,80%是死于震后大火,幸存者也多数被烧伤。在横滨市,大火烧毁房屋6万多栋,约占全市房屋总数的60%。横滨公园里的湖水也被大火烤灼得热气腾腾,跳进湖里的人被湖中热水烫死。几千灾民逃到了海滩,纷纷跳进大海,抓住了一些漂浮物和船的边缘。可是,几小时后海滩附近油库发生爆炸,10万多吨石油注入横滨湾。大火引燃了水面的石油,横滨湾变成了名副其实的火海,在海水中避难的人被大火烧死。

关东大地震是罕见的次生灾害尤其是火灾远远大于地震本身的浩劫,地震还导致霍乱流行,为此,东京都政府曾下令戒严,禁止人们进入这座城市,防止瘟疫流行。为了纪念这一地震,日本把每年的9月1日特别设定为全国防灾日,并举行各种各样的防震减灾演习,提高全民防震减灾能力。

面对日本的重大的地震灾害,当时中国北洋政府决定对日本进行救助。政府号召百姓忘却战争前嫌,不再抵制日货,以减轻日本人民负担,利于恢复;北平、天津、成都等城市成立救灾团体,演艺界筹款筹物,梅兰芳还进行了义演,景山公园卖票助赈,中学生也把零用钱捐出;上海佛教领袖王一亭募捐白米6000担、面粉2000余包以及各种生活急需品,这是当时日本收到的来自国外的首批救灾物资。王一亭也因此被日本人称为“王菩萨”;红十字会救护队赴日救灾,表现出中国人民的国际主义、人道主义精神。

小贴士

地震造成的直接灾害与次生灾害

地震造成的直接灾害有:建筑物与构筑物的破坏,如房屋倒塌、桥梁断落、水坝开裂、铁轨变形等;地面破坏,如地面裂缝、塌陷,喷水冒砂等;山体等自然物的破坏,如山崩、滑坡等;海啸,海底地震引起的巨大海浪冲上海岸,造成沿海地区的破坏。此外,在有些大地震中,还有地光烧伤人畜的现象。

地震引起的次生灾害主要有：火灾，由房屋倒塌、煤气泄漏和明火引起；水灾，由水坝决口或山崩壅塞河道等引起；毒气泄漏，由建筑物或装置破坏等引起；瘟疫，由震后生存环境的严重破坏所引起。

1.12 智利地震——引发跨太平洋海啸

1960年5月21日～6月22日一个多月的时间里，在智利发生了20世纪震级最大的震群型地震，在南北1400公里长的狭窄地带，连续发生了数百次地震，其中超过9级的1次，超过8级的3次，超过7级的10次，最大主震为9.5级，为世界地震史所罕见。这次地震导致数万人死亡和失踪，200万人无家可归；码头全部瘫痪，瓦尔地维亚城被淹没，智利国内经济遭受巨大损失，并引发了世界上影响范围最大的一次地震海啸。

大震之后，忽然海水迅速退落，露出了从来没有见过天日的海底，约15分钟后又骤然而涨，滚滚而来，浪涛高达8～9米，最高达25米，以摧枯拉朽之势，袭击着智利和太平洋东岸的城市和乡村。那些幸存在广场、港口、码头和海边的人们顿时被吞噬，海边的船只、港口和码头的建筑物均被击得粉碎。然后巨浪又迅速退去，把能够带动的东西都席卷一空，如此反复震荡，持续了将近几个小时。太平洋东岸的城市已经被地震摧毁成了废墟，又频遭海浪的冲刷，掩埋于碎石瓦砾之中还没有死亡的人们被汹涌而来的海水淹死。太平洋沿岸，以蒙特港为中心，南北800公里范围内几乎被洗劫一空。

海啸波以每小时600～700公里的速度扫过太平洋，到太平洋彼岸的日本列岛波高仍有6米到8米，最高8.1米。使日本沿海1千多所住宅被冲走，2万多亩良田被淹没，15万人无家可归，港口、码头设施多数被毁坏。大海啸还波及了太平洋沿岸的俄罗斯以及菲律宾群岛等地。中国沿海由于受到外围岛屿的保护，受这次海啸的影响较小。

1.13 印尼大地震——启发人们健全防灾预警系统

2004年12月26日印度尼西亚苏门答腊岛附近海域发生9.0级大地震，威力相当于50亿吨的TNT炸药爆炸。在这次地震中，产生了长达1000～2000公里的断层，垂直位移达10米，东侧向上抬升，将巨量海水往西方向排出海床，使海啸波传出几千公里，发生在浅海的大地震能使整个海底摇摆震动，这就像在海底划动一只巨大的桨，使一个数十亿吨的巨大水柱冲向印度洋沿岸，引发了印度洋地震海啸，波及印度洋沿岸十几个国家(见图1.5)，遇难人数近30万。

海啸从产生到引发灾难前，具有很好的隐蔽性。当它在大洋里汹涌奔腾时，并不易被察觉，它的实际高度不过几厘米左右，行驶在上面的船只根本感觉不到。但一进入浅海岸线的时候，就一下子高达几米，破坏滨海延向内陆5公里纵向范围内的建筑物。

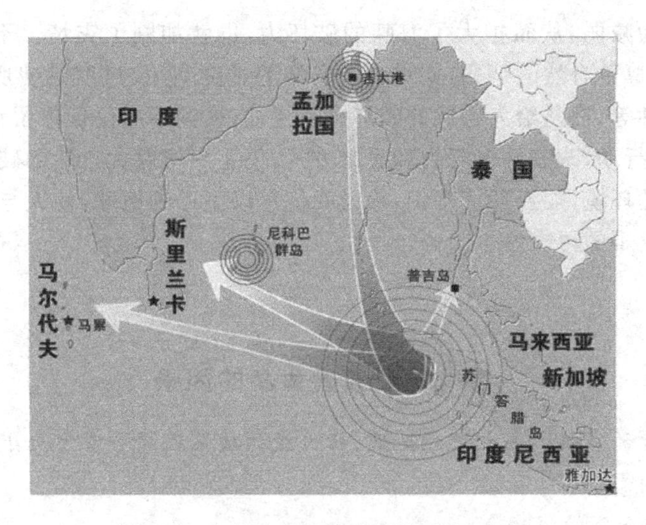

图 1.5　印尼地震海啸及波及国家与地区

一般海啸透出海面后，以约 800 公里/小时速度向外传播，海啸波传播到海岸线的时候，海啸能量约 40％仍回到海中，60％消耗于岸上，对陆地建筑造成破坏。海啸进入大陆架，由于深度急剧变浅，波高骤增，可达 20～30 米，破坏性较大的地震海啸平均 6～7 年发生一次，其中约 80％发生在环太平洋地震带上，智利、秘鲁、日本、夏威夷群岛等是全球海啸多发区。

此次海啸中，有很多教训值得吸取。如果对于灾难发生有适当的准备，或者有海啸预警系统，海啸造成的灾难本来是可以减少的。从理论上来说，预警系统可以使受灾地区的人提前疏散，因为海啸即使以 500 公里/小时的速度前进到达受灾地区的海岸也需要数小时。

印度洋已经 700 年没有发生海啸了，印度洋周边国家普遍认为再次发生海啸的概率几乎为零，由于麻痹大意，这些国家竟然没有建立海啸预警系统。

发生在印度洋上的地震海啸，再一次让人类领教了大自然的威力。人们对自然不是全知全能的，对于未知，我们可以尽可能地为它们的到来作出准备。而人们总是短视，对于未知常常表现出了惊人的无知。一套预警系统，并不仅仅是为已知的危险而存在，它更因未知而存在，这是人类对于未知的敬畏，人们必须对未知的危险准备得更为充分。

很多自然界的灾害，都与人类自身的不当行为有关。虽然这次海啸是由地震引起的，但全球气候变暖对灾害的产生起了推波助澜的作用。有关专家分析认为，气候变暖引起海平面上升，使海底的压力发生改变，致使此次海啸造成的灾害更加严重。

印度洋沿岸居民的环境意识薄弱，人与环境矛盾的尖锐性十分突出。当地人们的生产生活对自然环境，特别是对滨海环境的严重破坏明显加重了这次海啸造成的人员伤亡和财产损失。如今，在这些热带、亚热带的海岸线上，人们在不断地进行港口城市和旅游设施建设，以至于这些沿海城区的规模不断扩大，沿海及海岛景区的旅游馆舍林立，游人不断无节制地涌入，致使环境质量逐步恶化，生态不断退化，有些海洋生物甚至完全消失，使它们对海啸的屏障作用大为减弱，从而扩大了海啸的破坏力，也就加剧了灾情。不少天灾之所以发生，就是对人类不尊重自然的惩罚，如对自然资源的过度利用，过度消费所产生大量废气废水对大自然的侵蚀等，都是给大自然的破坏火上浇油，人类不应仅仅停留在对这场海啸的反思上，而要以实际行动，改变许多行为和思维方式，停止一切对大自然的破坏。

只有保护自然环境，加强环境意识，珍爱我们赖以生存的地球，使人与环境和谐共存，人类才能减轻类似灾难的再次发生。

小贴士

影响地震灾害大小的因素

不同地区发生的震级大小相同的地震，所造成的破坏程度和灾害大小是很不一样的，这主要受以下因素的影响：

(1) 地震震级和震源深度

震级越大，释放的能量也越大，可能造成的灾害当然也越大。在震级相同的情况下，震源深度越浅，震中烈度越高，破坏也就越重。一些震源深度特别浅的地震，即使震级不太大，也可能造成"出乎意料"的破坏。

(2) 场地条件

场地条件主要包括土质、地形、地下水位和是否有断裂带通过等。一般来说，土质松软、覆盖土层厚、地下水位高，地形起伏大、有断裂带通过，都可能使地震灾害加重。所以，在进行工程建设时，应当尽量避开那些不利地段，选择有利地段。

(3) 人口密度和经济发展程度

地震，如果发生在没有人烟的高山、沙漠或者海底，即使震级再大，也不会造成伤亡或损失。1997 年 11 月 8 日发生在西藏北部的 7.5 级地震就是这样的。相反，如果地震发生在人口稠密、经济发达、社会财富集中的地区，特别是在大城市，就可能造成巨大的灾害。

(4) 建筑物的质量

地震时房屋等建筑物的倒塌和严重破坏，是造成人员伤亡和财产损失最重要的直接原因之一。房屋等建筑物的质量好坏、抗震性能如何，直接影响到受灾的程度，因此，必须作好建筑物的抗震设防。

1.14 东日本大地震——敲响世界"核"警钟的大地震

北京时间 2011 年 3 月 11 日 13 时 46 分 26 秒，日本当地时间 14 时 46 分 26 秒，发生在西太平洋国际海域的 9.0 级地震，震中位于北纬 38.1 度，东经 142.6 度，震源深度约 10 公里，属浅源地震。此次地震为日本有地震记录以来发生的最强烈、余震最多的地震，截至当地时间4月12日19时，此次地震及其引发的海啸已确认造成14 063人死亡、13 691人失踪。

1.14.1　大地震引发海啸

日本气象厅发布了海啸警报称地震将引发约6米高海啸，修正为10米。根据后续调查表明海啸最高达到24米(见图1.6)。日本气象厅已对岩手、宫城、福岛三县的太平洋沿岸发布大海啸警报。从北海道至伊豆群岛均发布海啸警报。太平洋海啸预警中心北京时间11日15时30分对包括俄罗斯、菲律宾、印度尼西亚、澳大利亚、新西兰、墨西哥、美国夏威夷等在内的多个国家和地区发布了海啸预警。

图1.6　日本地震引发的海啸

1.14.2　地震的破坏以及对日本领土的影响

美国地质勘探局认为，此次发生在日本东海岸的大地震由太平洋板块和北美洲板块的运动所致。太平洋板块在日本海沟俯冲入日本下方，并向西侵入亚欧板块。太平洋板块每年相对于北美洲板块向西运动数厘米，正是运动过程中的能量释放导致了此次大地震。同时由于这次地震缘于板块间垂直运动而非水平运动，因此触发海啸，对日本一些海岸造成严重破坏，并给整个太平洋沿岸带来威胁。地震造成日本地表及海底发生严重变形，著名地标性建筑东京塔当地时间3月11日下午因受强烈地震影响，塔顶部三分之一处出现歪斜。工作人员紧急关闭了塔内部的电梯，并将正在观光的游客紧急疏散。因为疏散工作紧急有效，因此未出现踩踏事故。

震后，宫城县仙台市发生大规模停电，市内多处燃气发生泄漏，仙台机场全部航班停止起降。千叶县炼铁厂因燃气管道破损发生爆炸，火焰冲上数十米高，生产被迫中断。据统计，震后日本由于燃气泄漏等原因，共有84处地点发生火灾，约有443平方公里的领土在地震和海啸后沉入水中，面积相当于大半个东京。强烈地震摇动地轴导致本州岛地形变。依据美国国家航空航天局收集的资料，这次强震使日本本州岛向东移动大约3.6米，使地球自转每天缩短了1.6微秒，地轴移动6微米。日本国土地理院于当地时间4月19日宣布，位于震中西北部的宫城县牡鹿半岛向震中所在的东南方向移动了约5.3米，同时下沉了约1.2米，这是日本有观测史以来最大的地壳变动记录。

1.14.3 重大核泄漏事故

1986年4月26日凌晨1时23分在苏联切尔诺贝利发生民用核电泄漏事故，至今受污染地区的居民就连吃饭、喝水都要小心翼翼，甲状腺癌、白血病儿童以及新生儿生理残疾者仍在折磨着当地人。据专家估计，完全消除这场浩劫的影响最少需要800年。这次核事故所造成的危害比广岛原子弹爆炸更加严重。它造成的放射性污染不仅使500万人受害，也直接影响了人类对核能的看法。

2011年3月12日，日本福岛第一核电站发生放射性物质泄漏，随后1号机组发生氢气爆炸。日本政府把福岛第一核电站人员疏散范围由原来的10公里上调至20公里，把第二核电站附近疏散范围由3公里提升至10公里。国际原子能机构统计，日本从两座核电站附近转移17万人。当地时间14日上午11点过后，福岛第一核电站3号机组发生氢气爆炸。当地时间3月15日，福岛第一核电站4号机组发生氢气爆炸后起火。

3月26日，福岛核泄漏放射量达到6级"重大事故"水平。日本原子能安全委员会启用"紧急状态放射能影响快速预测系统"，以近期各地的放射能测定值为依据，对福岛核泄漏的放射性物质扩散量的数值进行了推算。结果显示，从事故发生的12日上午6时至24日零时止，福岛第一核电站外泄放射性碘的总量为3万万亿～11万万亿贝克勒尔。这个数值已经超过美国三里岛核事故(5级)，相当于国际评价机制的6级"重大事故"水平。而部分地区的土壤核污染水平，已与切尔诺贝利事故相当。

1.14.4 "核辐射"恐慌与防护

日本大地震发生后，与之相关的谣言也大量出现。惊慌的居民蜂拥至药店购买碘片，认为服用这种药片能够降低遭受核辐射后患甲状腺癌的几率。随后，福岛第一核电站接连发生4起爆炸事故，"核恐慌"的阴云又开始扩散，距离电站千里之外的部分人们开始担心核辐射可能对自身造成危害，有关核辐射防护的手段变得倍受关注。

辐射防护是研究保护人类免受或少受辐射危害的应用学科，有时亦指用于保护人类免受或尽量少受辐射危害的要求、措施、手段和方法。辐射包括电离辐射和非电离辐射。在核领域，辐射防护专指电离辐射防护。专家表示，遭遇核辐射要尽可能缩短被照射时间，远离放射源，尤其要注意屏蔽。进出核污染地区时，要穿防护服，并及时淋浴，清除核污染，做到内外兼防。体外照射的防护要求尽可能缩短被照射时间；尽可能远离放射源；利用铅板、钢板或墙壁挡住或降低照射强度。当放射性物质释放到大气中形成烟尘通过时，要及时进入建筑物内，关闭门窗和通风系统，避开门窗等屏蔽性差的部位隐蔽。体内照射的防护要求避免食入、减少吸收、增加排泄、避免在污染地区逗留。清除污染，减少人员体内污染机会。

小贴士

核辐射及其危害

1. 什么是核辐射？放射性物质以波或微粒形式发射出的一种能量就叫核辐射，核爆炸和核事故都有核辐射。核辐射主要是α、β、γ三种射线：

α射线是氦核，只要用一张纸就能挡住，但吸入体内危害大；

β射线是电子流，照射皮肤后烧伤明显。这两种射线由于穿透力小，影响距离比较近，只要辐射源不进入体内，影响不会太大；

γ射线的穿透力很强，是一种波长很短的电磁波。γ射线和X射线相似，能穿透人体和建筑物，危害距离远。

2. 核辐射危害：人们在长期的实践和应用中发现，少量的辐射照射不会危及人类的健康，过量的放射性射线照射对人体会产生伤害，使人致病、致癌、致死。受照射时间越长，辐射剂量就越大，危害也越大。轻微辐射无须恐慌，实际上，人体在正常环境下也会接受到一定辐射量。普通人一年接受的辐射量为2.4毫西弗，我们照一次X光片接受的辐射是0.19毫西弗，每天抽一包烟的辐射小于0.001毫西弗，坐一次飞机的辐射量是0.002毫西弗左右。在短时间内人体接受100毫西弗以内的辐射不会有症状表现，100～500毫西弗之间会造成白细胞的减少，而超过4000毫西弗则有致命危险，见图1.7。

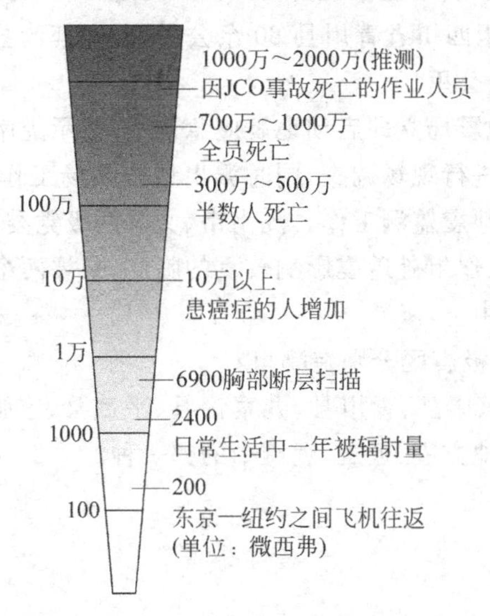

图1.7　放射线辐射及对健康的影响示意图

习题 1

1. 简答题

(1) 极震区临震时有什么现象?

(2) 地震造成的损失分哪几类?

(3) 地震造成自然环境的破坏有哪些?

(4) 地震次生灾害有哪些?

(5) 什么是生命线工程?

(6) 为什么说邢台地震揭开中国地震监测预报科学实践的序幕?

(7) 为什么说1906年的美国旧金山地震对地震学研究有重要贡献?

2. 阅读思考题

新华网兰州6月21日电(记者王艳明) 记者21日上午从甘肃省文县了解到,21日零时当地发生的5级地震,已造成部分人员受伤和房屋倒塌,甘肃陇南市及文县有关部门派出工作组赴受地震影响较重的临江、梨坪两个乡指导救灾工作。

据现场组织救灾的甘肃省文县县委书记岳金林说,截至21日上午7时,受地震影响较重的文县临江、梨坪两乡,已发现有3人受伤,5间房屋倒塌,详细灾情和损失情况还在了解之中。

据我国地震台网测定,2006年6月21日0时52分(北京时间),在甘肃省陇南市武都区、文县之间发生5级地震,震中位于北纬33.1度、东经105度,距武都区、文县县城约30公里,距康县约30公里;距四川省青川县60余公里,距九寨沟县、平武县80余公里;距陕西省宁强县、略阳县100余公里。

地震发生后,甘肃省地震局立即启动地震应急预案,指示陇南市和文县地震局先期组织地震现场工作队赶赴震区进行现场调查,同时派出地震现场工作队和现场强震观测组赶赴震区进行现场调查和强化地震监测工作。陇南市、文县两级党委和政府对地震也非常重视,得知灾情后,已连夜派出工作组赴地震影响较重的临江、梨坪两个乡,指导救灾工作,相关工作目前仍在进一步进行当中。

(1) 这次地震的震中、极震区分别在哪里?

(2) 武都区、文县县城、康县、青川县、九寨沟县、平武县、宁强县、略阳县的震中距分别是多少?它们又分别属于地方震、近震、远震中的哪一种?

第 2 章

地震的成因与地震活动特征

2.1 古人对地震的认识

从远古人类诞生开始直到21世纪,总有一个不受人类欢迎的,但是又不能不接待的恐怖客人——地震。地震不请自来,无处不在。

地震到底由何而来?这是人们一直在思考、探索的问题。古代日本人认为是一种鲇鱼的翻身造成了地震,古代印度人认为是地下的大象发怒引发了地震,古代中国人则把地震归因于"阴阳失调",当然这些只不过是对于地震的想象。真正对地震的科学认识始于东汉132年张衡候风地动仪的出现。候风地动仪是基于对地震本质的科学理解,即地震是一种远方传过来的地面震动,而这一概念建立了地震和地震波的直接联系,这一概念直到18世纪才被西方科学家所重新确认。候风地动仪的出现以及它所基于的这样一种科学思想实际上代表了地震科学的开始。而现代地震学则开始于19世纪末精密地震仪的出现。

地中海及其周边国家的地震发生频率是很高的,对地震作出自然解释的首次尝试就发生在那里。在古希腊科学发展的早期,人类已开始考虑用地震的物理原因取代民间传说和神话提示的神学原因。最早的古希腊科学著作作者之一是萨勒斯(公元前580年),他以对磁性的讨论而出名,他的故乡在米勒特岛,海的破坏力给他很深的印象,他相信地球是漂在海洋上的,水的运动造成地震。约于公元前526年逝世的安乃克西门内斯认为地球的岩石是震动的原因。当岩体在地球内部落下时,它们将碰撞其他岩石,产生震动。另外一个学派的安那克隆高拉斯(公元前428年)从火山引发地震中认为是火引起地震的,至少是一些地震产生的原因。然而这些大胆的古希腊解释中没有一个是地震成因的全面原理。第一个这样的论述是由古希腊学者亚里士多德(公元前384年)发起的。其论著的重要性在于:他不是从宗教或占星术中寻找解释，诸如地震是由行星或彗星联合而产生的，相反，他注重当时的务实背景，并讨论地震的成因，首先与常见的大气事件类比，诸如雷和闪电；其次与从地球升起的蒸汽和火山活动相联系。像许多同时代人一样，亚里士多德确信地球内有一“中心火”，虽然希腊思想家对此说法存在异议，但亚里士多德的原理认为地下洞穴将像暴风雨云造成闪电一样产生火。这股火将快速上升，如遇阻，将强烈爆发穿过围岩，引起震动和声响。后来对这一理论的修正认为，地下火将烧掉地球外部的支护，跟着发生的洞顶坍塌将导致像地震一样的震动。亚里士多德把地震和大气事件联系起来以及它的火和烟气引起地下地震的观点虽然不正确，但一直至18世纪还广为接受。

对于地面震动的物理解释中重要的一步是，亚里士多德根据它们对建筑物的震动主要是垂向的还是横向的，以及是否伴有气体逸漏，把地震划分为不同的类型。在亚里士多德所著的《气象学》中，他解释了多种不同类型的自然现象，如“下层土松散的地方摇动剧烈，因为它们吸引大量的风”。当空气受到了压缩时，产生强风暴，当它们破土而出抵达地面时造成广泛的破坏。

古希腊科学家从水、火、石、气等推测地震成因，表现出强烈好奇心，但其弱点是缺乏实验和应用科学仪器对自然现象作定量的观察，对产生地震所需要的能量的机械力理论概念更是模糊不清。

许多文明的先哲和思想家对地震成因都作出过各种解释，中国在这个领域的贡献也是无与伦比的。远在2700年前的西周时，伯阳父就认为“阳伏而不能出、阴迫而不能蒸、于是有地震”。这就是富含哲理的“阴阳说”。

2.2 地震成因

一种新的解释地震成因的理论来自美国地质学家对1906年4月18日震撼加利福尼亚的旧金山地震的研究。因为在这个地区没有活火山，所以地质学家对地震成因的认识没有转向古希腊有关地下爆炸、火山激发的概念。此外，1906年旧金山地震的震源位于已作过测量的地区，布设有测量距离和高程的标志，这些大地测量结果使有经验的地质学家可以对地面变形进行填图。

为了研究地震建立了州地震调查委员会，由加利福尼亚大学的劳森教授任主席。由劳森召集的科学家们比较了震前与震后的测量数据，并研究观测到的地面变化。该研究结论是：强烈的地面摇动是由于圣安德烈斯断裂的大断层突然错动产生的，它是基岩中的一条破裂带，后来测量制图时查明，它从墨西哥边界一直延伸到旧金山以北，断裂中的岩石破碎了，断裂西侧的岩块向北错动了好几英尺。该断裂错动延伸了400多km，从圣胡安包蒂斯塔直到旧金山以北大约250km，这个巨大断裂带刚好从金门海峡西边经过，见图2.1。而且，地震前后位移变化大的区域仅限于离断层30km以内的两侧地区。据此，里德提出了地震成因的弹性回跳学说。此学说认为，由于地震运动使岩石发生弹性形变，当变形超过一定程度时，岩石发生断裂而错动，变形以后的岩石回弹恢复原状，这即为地震发生过程(见图 2.2)地震波是由于断层面两侧岩石发生整体的弹性回跳而产生的，来源于断层面。这一假说能够较好地解释浅源地震的成因。

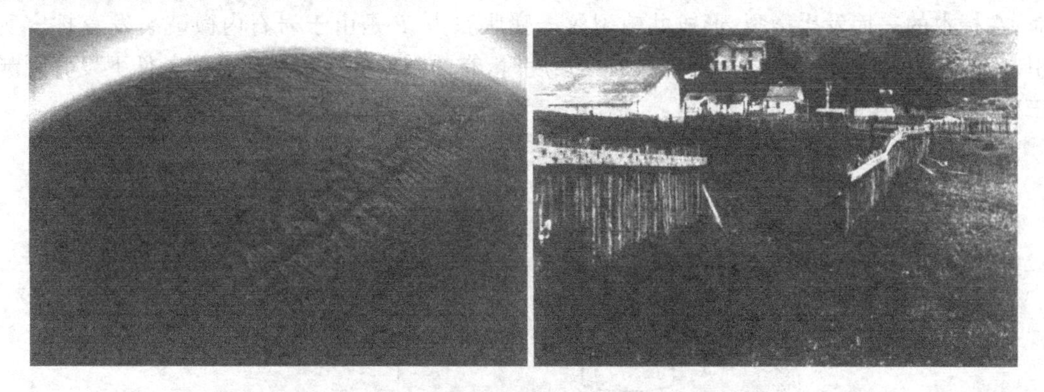

图 2.1　圣安德烈斯断裂及地震断裂穿过篱笆

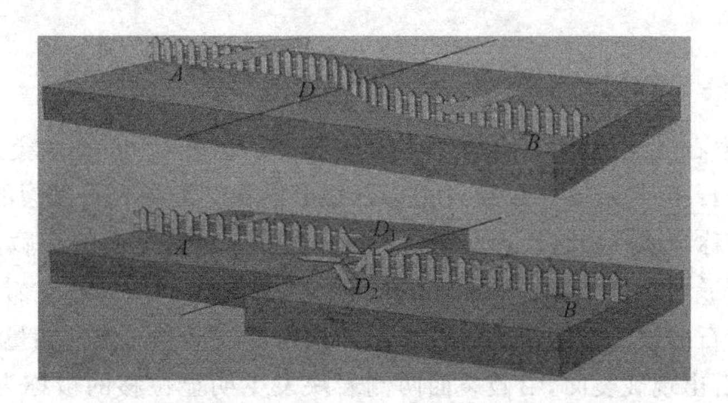

图 2.2　跨断层的篱笆当断裂弹性回跳时造成的结果

变形岩石的弹性回跳，是地球上部沿地质断裂发生的突然滑动，这种滑动沿断面扩展，存储的弹性应变能使两侧岩石大致回到先前未变形位置。因而，大多数情况下变形的区域越长、越宽，释放的能量就越多，地震的强度也越高。岩石的垂直应变也很常见，在这种情况下，弹性回跳沿倾斜断面发生，引起地表沿垂直向垮落并形成断层崖。大地震造成的断层崖可达好几米高，有时沿断裂走向延伸几十或几百公里。

科学家们推测，地表岩石的大规模迅速错动是强烈地动的原因。地球深层构造力造成地球外层大规模变形是地震的根源，沿地质断裂的突然滑移则是地震波能量辐射的直接原因。

弹性回跳学说能够较好地解释浅源地震的成因，但对于中、深源地震则不好解释。因为在地下相当深的地方，岩石已具有塑性，不可能发生弹性回跳的现象。

中国汶川 8.0 级强烈地震后，经科学家的实地科学考察，得知地震造成的地表破裂带长度大约 250km，最大垂直及水平向错距分别约为 6.2m 和 4.9m。该地震给四川及周边地区造成了巨大的人员伤亡和财产损失。

地震学家试图用岩石力学试验来模拟地震发生时岩石的破裂过程，见图 2.3 左图。A 是一块圆柱形岩石标本，置于均匀围压的环境下，人们从两头对它施加压力。最初，标本体形在压力 P 的方向趋势于短缩，在侧向产生张性膨胀变形，随后，逐渐增大，到一定的程度时，在标本的表面发生微裂，形成共轭裂纹。膨胀张力 T 是由于岩石内微破裂发育扩容所引起，当压力再增加以至超过岩石的最大强度时，有的裂纹便在最有相宜的条件下发育到濒于破裂直至发生错动。

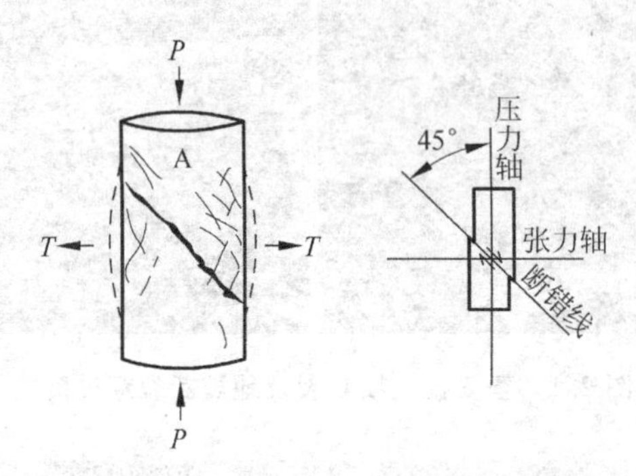

图 2.3　岩石标本在压力作用下的破坏过程示意图

在实验室里岩石受压能够以不同的方式“破裂”或“破坏”。在有的突发破裂中，断裂把岩石切开，两侧岩石相对滑动，多条裂纹把岩石裂成碎块。如果岩石破裂的碎块能再拼合起来，这种破坏类型称为脆性破坏。在另外一种岩石破坏中，是缓慢的韧脆性变形，岩石变形初期，沿着一个线形地带仍粘合在一起，随着变形量的增大，当应力超过岩石的强度时，开始出现破裂，这种岩石的破坏不能像脆性破坏那样快速释放储存的弹性能量。

在自然界岩石出现破裂面，沿破裂面两侧岩块发生明显位移的被称为地质断层。许多断裂非常长，有的可在地表追踪几千米。像在实验室中见到的那样，一条断层的两侧既可以逐渐蠕变，难以察觉到明显的破裂面，也可以突然破裂，以地震这一形式释放能量。

通过研究主滑动附近的裂缝发育过程，有助于对地震前震和余震的理解：前震是沿断裂的应变和破裂物质中微破裂的结果，而那时主破裂并没有发生。前震中的有限滑动稍微改变了局部应力的格局。水的运动和微裂隙的分布，终于使一个更大破裂发生，造成主震。主破裂的发生及断层局部的摩擦生热，导致沿断裂带的物理条件与主震前相比发生了很大的变化，其结果是发生一系列次级的断裂活动，造成余震。之后，该区的应变能逐渐降低，开始一个新的应变积累过程。

地球在不断运动和变化，逐渐积累了巨大的能量，在地壳某些脆弱地带，造成岩层突然发生破裂，或者引发原有断层的错动，这就是地震。地震绝大部分都发生在地壳中。

地震成因的研究是地震学研究的主要内容，它包括两个方面：一是从断层成因说出发，更深入地研究地震发生时地球介质的运动方式和原理，统称震源机制研究；二是着重于研究地震发生前，局部地区应力-应变的发展过程(孕震过程)，统称震源物理研究，地震成因的研究是研究地震发生的重要基础工作之一。

2.3 地震类型

地震是复杂的地质现象,根据引起地震的原因不同,可将地震分为人为地震与天然地震两大类型。人为地震是由于人为原因造成的地震,如人工爆破、矿山采空区崩塌和开采卸载诱发的矿震、水库蓄水诱发的地震及地下核爆炸引起的地震,此类地震属另一研究范畴。本书的研究对象主要是天然地震。天然地震的成因多而复杂,主要分4大类:构造地震、火山地震、塌陷地震、陨石地震。

1. 构造地震

由于地下构造应力作用使地壳地质构造产生运动,从而导致地下岩石断裂和错动引起的地震,称构造地震。

构造地震皆因地壳断裂活动而引起。有两种情况,一种情况是某地点由于地应力长期不断的积累,当达到并超过岩石的强度极限时,从岩石最薄弱处产生破裂并发生位移而形成断裂。在岩体破裂、移动的瞬间急剧地释放出长期积累的能量,以弹性波的形式引起地壳的振动,产生地震。震后原受力的岩体迅速形成应力的新的平衡。第二种情况是,已有断裂的岩块因地应力作用而积累能量,达到一定程度后,原闭锁断裂两侧的岩体再一次突然错动,释放能量而形成地震。二者有所不同,第一种情况是新断裂构造形成伴随地震,第二种情况是已有断裂在发展过程中的再次活动形成地震。在地震、地应力活动与断裂构造直接相关这一本质问题上,二者完全一致。在自然界的地震,更多的是属于第二种情况,如汶川地震、玉树地震。

构造地震大多发生在地壳范围以内,特别是在10～30km的深度更为集中,它占浅源地震的绝大多数。由于构造地震数量多(构造地震占地震总数的90%),距地表近,对地面的影响大,有史以来巨大的破坏性地震都属于这种类型。我国大陆地震多为构造地震,如1976年唐山7.8级地震、1996年2月3日云南丽江7.0级地震、2008年5月12日汶川8.0级地震等都是典型的构造地震,且具有震源浅,灾害损失巨大等特点。因此,也是我国防震减灾研究的重点。

2. 火山地震

地球的内热使地下深层岩石熔融而成炽热的富含挥发成分的熔融体,即岩浆。在强大的压力下,岩浆沿着地壳中的某些破裂或薄弱处向地壳浅部挤压侵入,一旦到达地表或是溢出或是猛烈喷发,形成火山。在向上运移的过程中,岩浆猛烈冲击岩体或因巨大压力导致岩体中局部应力场变动后的小构造活动产生地震,这种与岩浆喷出活动有关的地震或是与火山活动有关的地震叫火山地震。

火山地震约占地震总数的7%。利用火山地震与火山活动之间的内在联系,进行火山地震的观测成为预测火山活动的重要手段。应指出,在火山地区发生的地震并不总是与火山喷发有关。火山与地震都是现代地壳运动的一种表现形式，二者常出现在同一地带。

我国吉林长白山天池火山、云南腾冲火山、黑龙江五大连池火山历史上有过多次火山喷发的记载，黑龙江镜泊湖火山、吉林龙岗火山、琼北火山全新世以来有过喷发。近年的观测与研究表明，长白山、腾冲等火山区存在火山地震、高热流、水热活动等，预示着这些火山存在再次喷发的潜在危险。

为了预防火山灾害，利用火山资源，从“九五”期间开始，实施了“中国若干近代活动火山的监测与研究”等若干国家重点项目。建立了长白山天池、腾冲、五大连池三个火山监测站，改变我国对活火山不设防的局面。随着研究的深入和国力的提高，我国将有更多的火山得到研究和监测。

3. 塌陷地震

塌陷地震是一种表层地质作用，是岩石在重力作用下，突然塌落、滑动、岩崩等引起的地震。在一些易溶岩石(石灰岩、岩盐等)发育的地区，由于地下水的溶蚀作用，在岩石中造成巨大的空洞，有时发生大范围的顶部塌落，而引起地震。如 1935 年，我国广西百寿县安和乡地震，就是发生在上泥盆统的石灰岩中。据史料记载，“地震时五六十亩的地方尽成深潭，崩陷时声闻数十里，附近屋瓦震动，二三十里内居民惊骇万状”。

有时巨大的山崩、滑坡也会引起地震。例如，1974 年 4 月 25 日秘鲁曼塔罗河发生了一次惊人的山崩，由此产生了 4.5 级地震。该山崩的体积为 $1.6\times10^9 m^3$，造成了大约 450 人死亡。这次地震是由于土壤和岩石迅速运动中损失的部分位能(重力能)转变为地震波引起的，几百千米外的一些台站清晰地记录到了这些地震波，80km 以外的一个台站测量到该震动的持续时间为 3min，这与观测到的土石的滑动速度大约 140km/h 和滑动距离为 7m 是一致的。我国 1965 年云南禄劝地区发生一次大山崩，约 $1.7\times10^8 m^3$ 的土石滑移了 5～6km，落差 1700m，直接冲击鲁干山，引起 3 级左右地震，相距 70～80km 的昆明地震台清晰的记录到这次地震，持续时间达 1min。

塌陷地震属重力位能释放时形成的地震活动，不仅能量小、影响局限，而且发生的次数也很少，仅占地震总数的 3%左右。还应指出的是，构造地震发生时也有陷落与崩塌现象发生，由此所引起的振动则是构造地震的后果。

4. 陨石地震

陨石地震是由于宇宙空间的陨石坠落时以很快的速度冲击地表造成的地震。如 1976 年 3 月 8 日下午，一颗陨星以极快的速度坠入大气层中，在我国吉林市北部上空爆炸，形成陨石雨向地面溅落。最大一块陨石重达 1770kg，落地后使地面受冲击而振动，被地震台记录下来。相当于 3.4 级地震。由于陨石降落到地面的机会不多，能量也不大，此类地震并不为人们注意。

2.4 断层运动与地震

在地震现场，经常会见到裂开的地缝，或是沿着地表条状地带房屋严重受损，而远离这些地带受损较轻。说明断层与地震有着密切关系，见图2.4。

图2.4　汶川地震断层

2.4.1 断层

地壳岩层因受力超过岩石的抗拉或抗剪强度而发生破裂，并沿破裂面有明显相对移动的构造或强线性流变带称断层。岩层断裂错开的面称断层面。断层是构造运动中广泛发育的构造形态。断层一般在中上地壳最为明显，有的直接出露地表，有的则隐伏在地下。它们的规模也各不相同，小的不足一米，大到数百、上千千米，但都破坏了岩层的连续性和完整性。在断层带上往往岩石破碎，易被风化侵蚀。沿断层线常常发育为沟谷，有时出现泉或湖泊。

地层断裂之后，成为互不连接的两盘，随后沿断面又有相对运动，则两边地层结构层序的不连续扩大了，人们根据其不连续的情况研究断层动态。由于断层所经受的应力不同，有压有张还有扭剪，因而形成的结构面就各不相同。总地来说，有以下三大类型：一是平移(或平推，平错)断层亦称走向滑动断层，其特点是两盘的地层上下部位没有相对变化，但在水平方向沿断层两边发生了相对错移，如图2.5(b)所示。当观察者站在断层的一盘，面对着另一盘，若看到对面一盘是向左手方向运动的，则称为左旋(或左)平移断层，反之，若为向右手方向运动的，则称为右旋平移断层。二是正断层，如图2.5(a)所示。断层形成后，上盘相对下降，下盘相对上升的断层称正断层。其特点是断层的一盘顺重力的趋势往下滑动，使时代较新的地层居于较低的层位，断层面倾角较陡，通常在45°以上。正断层在地形上表现显著，多形成河谷、冲沟和湖泊等，正断层多出现于张裂性板块边界。三是逆断层又称逆冲断层，其特点是与正断层相反，由水平挤压作用，逆重力上冲，使时代较新的地层，推到较高的层位，如图2.5(c)所示，有的甚至覆盖于较老地层之上，谓之逆掩断层。

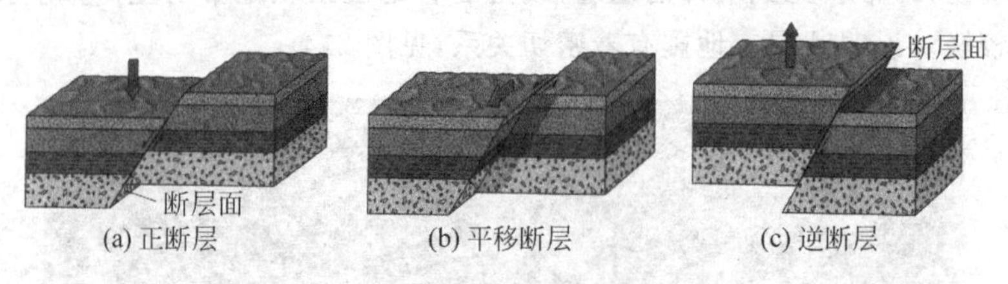

图2.5　不同类型断层示意图

地球面上断层多如牛毛，式样繁杂，并不是都与地震活动有关。断层规模，包括长度、深度和断距各有不同，它们不是一次产生的，而是逐渐成长的。实际上，断层成长的情况是相当复杂的。比如说，断层的运动方向是由当时构造应力场决定的，其展布方向也各不相同，但都可以分为水平和垂直两个分量，如果水平分量占绝对优势，称为平移断层，否则是正断层或逆断层，很少有单纯走向滑动或倾向滑动断层。另外，往往由大小不同的断层组成断裂带，有一定宽度，有时还绵延很长。在极震区，人们看到错综复杂的地面破坏，其交织到一起，不易分辨，因此地震与断层孰为因果，曾引起很大争论。当人们在现场见到地震之后才发生地裂，便认为地震是因，断裂是果；而当人们在实验室里看到物体破裂伴随振动时，又认为断裂是因，地震是果。实际上断裂与地震是互为因果的，孰为因果，很难分辨，争论是没有结果的。

地震往往是由断层活动引起的，是断层活动的一种表现，所以地震与断层的关系十分密切。与地震发生关系最为密切的是在现代构造环境下曾有活动的那些断层，即活断层。活断层一般是指晚更新世(约10万年)以来曾经活动，未来仍可能活动的断层，按照其运动性质的不同，活断层也有走滑、正断层和逆断层以及其他的一些过渡类型。活断层可以是在老断层基础上继续活动的结果，也可以是在岩石中新形成的破裂构造。

活动断层的活动方式有两类。一类是快速的错动，称为粘滑；另一类是缓慢的蠕动，称为蠕滑或平滑。

粘滑错动是两侧岩石在长期粘结后断层面突然发生的快速错动(相对位移)。断层运动速度大约在几秒至十几秒钟。断裂在突然错动时激发弹性波，产生应力降。突然错动的结果导致地震的发生，在地表产生地震断层，并使断层的两盘发生了水平和垂直位错。如唐山地震时，当地群众反映只有3～5s的短暂时间内产生了超过8km的裂缝带，最大水平错动达2.3m，其错动速度约0.5～0.8m/s，1906年美国旧金山在地震时，使1100余千米的圣安德烈斯断层435km长的一段突然错动了3～6m，在加利福尼亚的博里纳斯附近，地震断层使木栅栏水平错动近3m。

蠕滑错动是断裂两盘岩块在长时间内相对作极其缓慢的平稳滑动，称为稳定滑动或蠕动。断层的蠕滑错动一般发生在断层的某一段落，运动速度极慢，不易被人察觉。模拟实验表明，这类滑动没有显著应力降。

断层蠕滑错动已经被实际观测到，最早是在美国西部加利福尼亚的霍利斯特。20 世纪 50 年代初一个酒厂正好建在活动的圣安德烈斯断层上，1956 年发现长约 50km 的断层发生蠕动，经过仪器连续观测发现，错断酒厂的围墙蠕动速度平均每年约 1～3cm。记录图像表明，蠕动不是均匀连续的平滑运动，而是一种跳跃，实际是通过几次蠕滑事件完成。

研究表明，断层蠕动是一种断层断错逐渐积累的缓慢过程，它既可以表现为明显的瞬时蠕变(间歇性蠕变)，也可以是一种连续错动(稳态蠕变)，或者二者兼而有之。与引起地震的断层滑动速度相比，断层的蠕动速度是很慢的。

粘滑错动和蠕滑错动这两种活动方式在不同断裂或同一断裂的不同部位，可以有不同的表现，或以粘滑为主，或以蠕动为主。同一断裂在不同时间段内，可以一种活动方式为主，也可由两种活动方式作周期性交替。

经地质学家考察，汶川地震是逆冲、右旋、挤压型断层地震(见图 2.6)。发震构造是龙门山构造带中央断裂带，在挤压应力作用下，由南西向北东逆冲运动；这次地震属于单向破裂地震，由南西向北东迁移，致使余震向北东方向扩张；挤压型逆冲断层地震在主震之后，应力传播和释放过程比较缓慢，导致余震强度较大，持续时间较长。

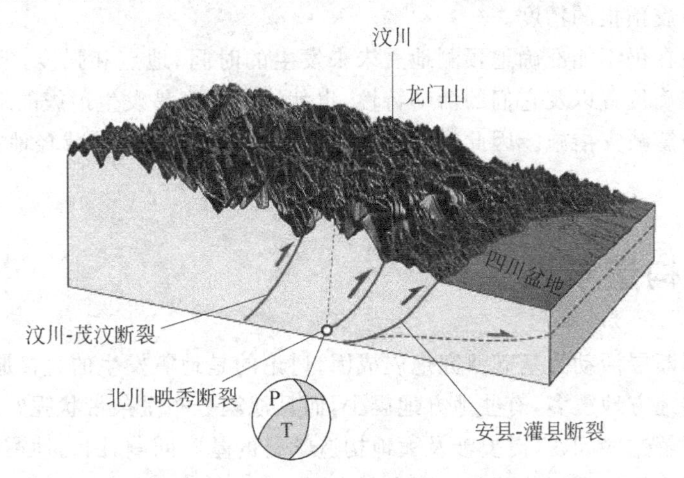

图 2.6　汶川地震断裂示意图

2.4.2　活断层与地震的关系

活断层与地震灾害的关系密切，活断层决定着多数破坏性地震的发生位置，活断层的规模大小、运动性质和活动时代等属性决定着地震震级的大小，同时，对强地震地面运动具有复杂的影响。城市及附近地震可加重发震活断层沿线建筑物的破坏和地面灾害，特别是位于城市之下的活断层突然快速错动所导致的“直下型”地震能引起巨大的城市地震灾害。1976年唐山7.8级地震造成了约24万人死亡，1999年土耳其伊兹米特7.8级地震死亡人数为18 000人，1999年台湾地区集集地震死亡人数为2375人。上述地震同时造成了大量的财产损失。现今活动的唐山断层、安纳托利亚断层和车笼铺断层是以上三次地震的发震构造，地震时沿这些断层还形成了规模宏大的地表破裂带，加重了地震灾害。

地震地质工作实践总结表明，地震不仅与地质构造有一般的空间关系，而且还与其特殊的发震部位有关，这些特殊构造部位更易于地应力的集中，地震最可能在这些部位发生。这些部位分别是活动断裂带的交汇部位、活动断裂带曲折最突出的部位、活动断裂带端部和闭锁段、活动断裂带的错列部位，这些部位应力容易集中，对地壳构造运动敏感，因此也是地震监测台站选址应具备的主要地震地质条件场所。

现在人们对活断层的研究可以通过航卫片解释、地质地貌调查、地质填图、探槽开挖等手段，在第四系覆盖地区则必须使用各种地球物理探测和工程地质勘探方法。其目的就是要查明活断层的位置、活动时代、运动性质、滑动速率以及该断层上曾经发生地震的情况。20世纪70年代以来，国内外对活断层的研究取得了巨大的成就，形成了一套完整的研究活断层活动习性的方法，特别是探槽开挖技术和古地震研究方法已非常成熟。近年来的研究表明，活断层具有分段破裂特性，一条活断层的不同段落往往具有不同的破裂活动历史，它们可能分别发生破裂，每一次破裂对应一次地震。因此，通过对活断层破裂分段的研究，可以有效地提高地震预报的精度。

尽管我们现在仍不能准确地预测地震未来发生的时间、地点和强度，但是，只要知道了活断层分布的准确位置以及它们的活动特性，也就知道了容易发生地震的地点，从而可以采取经济合理的防震减灾措施。因此，加强活断层调查和研究工作是减轻地震灾害的主要途径之一。

2.5 板块构造学说

前面以地震断层活动为基础研究地震成因，讨论的是地震发生的直接原因。那么，为什么在地球上有些地方地震多，有些地方地震少，而且地震分布呈条带状呢？地下岩石应力情况又如何？要理解这些问题，需要涉及大地构造学科的基本问题，因为地震断层是在大地构造运动过程中产生的。自从地球科学研究开展后，百余年来，对于一些最基本的问题，如海陆分布、地球结构及其运动等问题，学者们依然争论不休。最初因为看到各个地质时代海侵频繁，人们以为海陆是经常转变的。随后人们发现历次海侵的边缘地带绝少深海沉积，几乎都是浅海的产物，又好像海陆分布的基本轮廓是不变的。把海陆分布看成固定的还是变动的，对于解释地球构造及其运动，立论是不同的。历来学者在这方面提过不少设想和理论，各有主张，未能获得一致，现在认为最新最有希望的是20世纪60年代末期出现的“板块构造学说”。

人类对地球的认识经历了漫长时期。在1912年，德国气象学魏格纳提出崭新的大陆漂移学说之前，盛行地球收缩学说。这一理论认为炽热的地球在寒冷的太空中不断失去热量，致使温度下降，由于物质本性的热胀冷缩，整个地球便在冷却过程中，逐渐收缩，产生了许多凹凸，好像干瘪的苹果。加之重力作用，重者下沉，轻者上升，形成现在海陆结构。后来发现它与地球物理学上的许多新结论是矛盾的。地球的收缩，事实上不能用冷却来解释，一个简单的数字就能说明这一点。地球主要物质的膨胀系数是在 $12\times10^{-6}\sim13\times10^{-6}$ 之间，以此计算，仅仅第三纪褶皱就需要降温 2400℃之多，推到早期的大规模造山运动，还需要更大的降温数值。这和地球物理学上的观测结果是不相容，放射性物质发现后，关于热态地球的概念便完全改变了，地球的热量有增无减，于是地球收缩学说便失去了立论的基础。

1. 大陆漂移学说

在世界地图上，为什么有的大陆海岸线会那么吻合？非洲西海岸与南美东海岸轮廓可以像拼图玩具一样拼起来，这两块大陆曾经连在一起吗？1912 年，魏格纳提出崭新的大陆漂移学说。这一理论认为距今 3 亿年前，地球上陆地是连成一块的，谓之泛大陆(Pangea)，周围是一片广阔的海洋，名为泛大洋(Panthalassa)，在 2 亿年前，这个联合大陆就像水上的木筏群，逐渐漂移，分裂演变，一直漂移到现在，成为今天的海陆分布的基本格局。大西洋、印度洋、北冰洋是在大陆漂移过程中形成的，太平洋是泛大洋的残余。魏格纳以地层、古生物、古气候和其他的地球物理资料以及格陵兰岛与欧洲大陆间的距离日益增长等事实，证明了大陆在漂移。这一学说的原理能够解释许多地质学问题，如两岸地层与构造及古生物的连续性，南北半球石炭二叠纪时的冰川分布的连续性，它的出现曾引起广泛的重视与评论。按魏格纳设想，美洲大陆是向西漂移的，欧洲大陆是向东漂移的，在其漂移的过程中，地块的前缘，必然要受到很大的阻力，因被挤压而褶皱卷曲，自然形成巨大的山脉。由于魏格纳没能找到大陆漂移的原因，是什么力量推动着庞大、沉重的地块运动呢？大多数地质学家当时都不愿接受大陆漂移，因此这一学说到 20 世纪 20 年代末期遭到权威投票否决而逐渐销声匿迹。

2. 海底扩张学说

1960 年，由于海底地貌、海洋地质、海洋地球物理研究的进展，哈里赫斯提出了海底扩张学说。这一理论认为海底就像传送带一样推着大陆一起移动。在大洋中部形成一个地壳裂缝，岩浆从裂缝中喷发出来，把洋中脊上较老的岩石向两边推移。岩浆冷却下来后，形成的岩浆岩就沿着洋中脊两边对称分布，称之为海底扩张。随着新地壳的不断增加，洋底就从洋中脊向两面边扩张，洋壳削减和海底扩张的过程，就好像洋壳在一个巨大的传送带上传进传出，见图 2.7。从而解释了魏格纳不能解决问题，找到板块漂移的动力。

科学家通过判断岩石年龄，发现离洋中脊越远，岩石的年龄越老，最新的岩石在洋中脊中间，这就证明了海底是不断扩张的。

由地壳与上地幔构成的岩石圈是地球的坚硬外壳，边缘呈锯齿状的大陆块就像破碎了的熟鸡蛋的蛋壳一样。1965 年，加拿大地球物理学家和地质学家威尔逊综合了大陆漂移说、海底扩张说，提出了一个新观点——板块构造理论，为解释地球地质作用和现象提供了

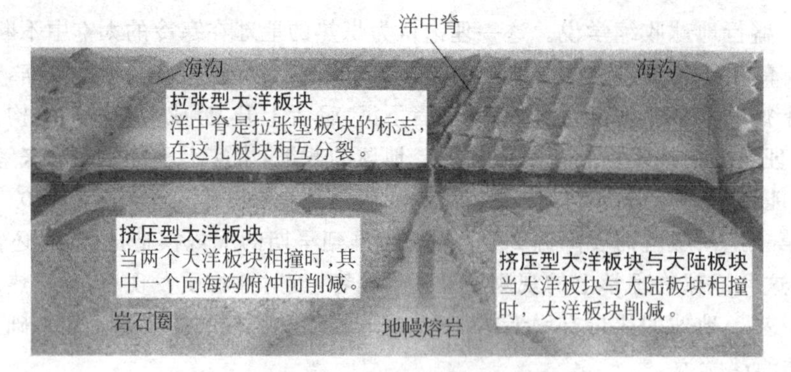

图 2.7　岩石圈对流示意图

极有成效的模式，是当代最有影响的全球构造理论。威尔逊也因对板块构造理论的贡献而在全世界享有盛誉。

3. 板块构造学说

板块构造理论是指对海洋地质、海洋地貌和地球物理等资料进行分析后建立的一种新的全球大地构造理论，复活了大陆漂移学说，验证了海底扩张观点，故有"大陆漂移、海底扩张和板块构造是一个问题的三部曲"之说。板块构造理论根据物理性质可将地球上层自上而下分为刚性的岩石圈和塑性的软流圈两个圈层。岩石圈在侧向上被一些断裂构造带，如海岭、海沟等，分隔成许多单元，形成若干大小不一的板块，称为岩石圈板块，简称板块。各板块的厚度不同，约在几十千米至 200 千米。板块的边界是洋中脊、转换断层、俯冲带和地缝合线。由于地幔的物质的对流，使板块在洋中脊处分离、扩大，在俯冲带和地缝合线俯冲、消失。全世界被划分为六大板块：即亚欧板块、太平洋板块、美洲板块、非洲板块、印度洋板块和南极洲板块。见图 2.8，每一板块均是一种巨大而坚硬的活动的岩块，它包括地壳和与地幔一部分。

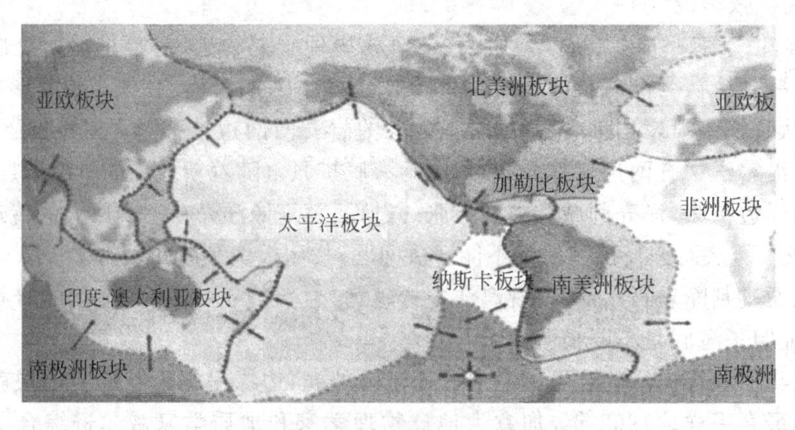

图 2.8　地球岩石圈板块构造示意图

板块彼此碰撞或张裂，形成了地球表面的基本面貌。在板块张裂的地区常形成裂谷或海洋，如东非大裂谷、大西洋就是这样形成的。在板块碰撞挤压的地方，常形成山脉。当大洋板块和大陆板块相撞时，高密度的大洋板块俯冲到低密度的大陆板块之下，这里往往形成海沟，大陆板块受挤上拱，隆起成岛弧和海岸山脉；当两个大陆板块相撞处，则形成巨大的山脉。喜马拉雅山脉就是亚欧板块和印度洋板块碰撞产生的。地球上的海陆形成和分布，陆地上大规模的山系、高原和平原的地貌格局，主要都是地壳板块运动的结果。

各板块之间相互接触的边线叫板块边界，板块边界向下一直延伸到岩石圈。板块边界有三种类型：剪切型边界、生长型边界（拉张型）和削减型边界（挤压型）。不同的边界板块运动的方式也不同。

剪切型边界是指两个板块沿着相反的方向相互移动，岩石圈既不生长也不消亡。在这种边界上，地震活动频繁。

生长型边界是指两个相互分离的板块之间的边界，大部分都位于洋中脊。海底扩张时，洋壳沿着洋中脊生长。大陆上也有生长型边界，在大陆的生长边界上，两边的板块相互分离，并沿着边界形成很深的断裂谷，如东非大裂谷，按现在运动的趋势，总有一天非洲东部会从非洲大陆上分离出去。

消减型边界是指相互靠近或挤压的两个板块之间的边界。两个板块相向移动就会发生板块碰撞，它可以发生在洋壳与洋壳、洋壳与陆壳之间、陆壳与陆壳之间。

当两个板块碰撞时，密度大的板块移到密度小的板块的下面。洋壳主要由玄武岩组成，它比花岗岩组成的陆壳的密度大，并且洋壳在从大洋中脊向外推移的过程中逐渐冷却，密度增大。因此，当大洋板块和大陆板块碰撞时，洋壳下沉到陆壳下面。

当两个大洋板块在海沟处相撞时，密度大的板块向下俯冲回到地幔，即洋壳削减。当两个大陆板块相撞时，并不发生削减。因为大陆板块都是由较小密度的花岗岩组成，所以两个板块只好面对面地撞在一起，于是地壳被挤压形成山系。

板块运动的速度慢得惊人，每年只有 1～10cm。北美洲板块和亚欧板块正以每年 2.5cm 的速度分离，差不多与指甲生长的速度一致。这看起来好像没什么了不得，但是它们已经运动了几千万年了。大陆板块每天都在以微小的变化在运动着，地震、火山爆发、海啸、海沟的形成等都是大陆板块运动引起的。

在板块构造学说问世之后，对作用于中国大陆及邻区地壳的水平力，普遍认为是来自于太平洋板块朝亚欧大陆的俯冲和印度洋板块向北运动与亚欧板块的碰撞，并认为中国大陆东部地区地震的力源主要来自前者，而中国大陆西部及边邻地区地震的力源主要来自后者。

现代地壳运动则以青藏高原的快速隆起和沿巨型活动带的走滑或逆走滑的强烈变动为特征。据有限的观测，其水平运动速率每年高达 1～4cm，垂直运动速率每年达 1cm。这说明中国同时存在当代板块构造学说两种最具代表性的边界，即陆—陆壳相碰撞型和洋—陆壳俯冲型边界，既具有主要的全球构造意义，又具有独特的演化特征。

科学家推测，2.4 亿年前，印度洋板块开始向北向亚欧板块挤压，由此引起昆仑山脉和可可西里地区的隆起。随着印度洋板块不断向北推进,并不断向亚欧板块下插入,青藏高原开始迅速上升,并在高原的边缘形成了断裂带,这个断裂带正是地震的多发区。我国南北地震带延绵数千公里,而龙门山地震带更是该地震带上的"活跃分子"。

近几十年来在地震预测研究中,许多人从震源机制解、山脉与断裂带总体的走向、地壳厚度的变化以及我国大陆地震与板间地震的相关性进行研究,并从不同的角度对此作了论证,并将这一观点广泛地应用于地震分析预报工作实践。

2.6 世界地震活动分布

2.6.1 板块构造与地震活动

地震学是板块构造学说建立的两大支柱之一。对地震活动性的广泛研究有力地支持着基于大陆漂移、海底扩张、转换断层以及岩石圈在岛弧下俯冲假说的新的全球构造学说,即板块构造学说;而板块构造观点的进一步发展,又加深了对地震活动规律的认识。

板块构造观点把地震现象看作是少数几个大的岩石圈活动板块在它们边缘或附近相互作用的结果。大地震发生的频度和震级的上限可能与相对运动的岩石圈板块的接触面积有关,即受破裂带长度和岩石圈厚度的限制。

板块边界往往就是地震活动带。从全球六大板块边界与全球地震带在空间分布上的一致性可以看出两者的联系。无论是洋中脊、转换断层、深海沟或年轻的地缝合线,所有的板块分界线都是地震的活动带,只不过释放能量的多少、地震强度的大小、地震带的宽度及震源深度有所不同。统计表明,世界裂谷系(包括加利福尼亚、东南阿拉斯加和东非)的地震仅占全球地震总数的9%以下,释放的能量不及全球地震释放总能量的6 %,而岛弧和其他类似的弧形构造上地震释放的能量却占了世界浅震能量的90%以上。里克特报道的世界175个7.9级以上的大地震中,只有5个发生在裂谷系;在大西洋、印度洋和北冰洋的洋中脊顶,最大地震为7级,而在东太平洋洋隆区很少有大于5级的地震发生。在裂谷系中大于7级的地震大部分发生在主要的转换断层上,其中最大震级为8.4级,而在岛弧区已知的最大地震为8.9级;在大洋中脊顶部,地震集中在极窄的地带,地震带宽度常不到20km。在海沟及缝合线,地震带宽度较大,尤以大陆内部的年轻造山带宽度最大,以致难以确定板块边界的具体位置。浅震分布在所有板块分界线上;中震主要分布在太平洋东边的南美和中美西岸、北边的阿留申群岛,西起千岛群岛经日本岛弧分两支南下后在伊利安西部转向东,在萨莫亚群岛转向南而止于新西兰,中震还见于印尼、缅甸、兴都库什山和地中海中;深震只限于安第斯山东侧、汤加弧西侧、印尼、日本海、鄂霍次克海以及中国东北边境和俄罗斯滨海边疆区,深震都位于板块俯冲带倾斜的方向。

发生在板块边界上的地震叫板缘地震,环太平洋地震带上绝大多数地震属于此类;发生在板块内部的地震叫板内地震,如欧亚大陆内部(包括我国)的地震多属此类。板内地震除与板块运动有关，还要受局部地质环境的影响，其发震的原因与规律比板缘地震更复杂。

根据地壳板块观点，全球范围内主要有下列地震带：

① 环太平洋岛弧—海沟俯冲带地震带，它是太平洋板块与亚欧板块、美洲板块的边界。

② 东太平洋转换断层、海沟俯冲带地震带，是太平洋板块与美洲板块的边界。

③ 地中海—喜马拉雅地震带，是亚欧板块与非洲板块、印度洋板块的边界。

④ 大西洋洋脊、转换断层地震带，是美洲板块与亚欧板块、非洲板块的边界。

⑤ 印度洋洋脊、转换断层地震带，是非洲板块与印度洋板块的边界。

中国大陆地处亚洲东部，是亚欧板块的一部分，在太平洋板块及印度洋板块的长期作用下，岩石圈结构复杂，现代构造运动强烈，地震活动频繁。中国是世界上大陆内部发生地震最多、强度最大的国家。

2.6.2　全球地震活动

在全球地震震中分布图上(见图2.9)，我们发现：地震分布是不均匀的，有些地方密集，有些地方稀少，人们把地震的震中集中分布的地区，且呈有规律的带状，叫做地震带，指地震集中分布的地带。在地震带内震中密集，在带外地震的分布零散。地震带常与一定的地震构造相联系。全球最大的环太平洋地震带和横贯欧亚的地震带(地中海—喜马拉雅地震带)，是全球六大板块间的接触带，其他的地震带与扩张的洋脊、转换断层、大陆裂谷或大断裂带有关。在环太平洋地震带和欧亚地震带内发生约占全球85%的浅源地震，全部的中深源地震和深源地震。其他地震带只有浅源地震，一般来说地震频度和强度均较弱。

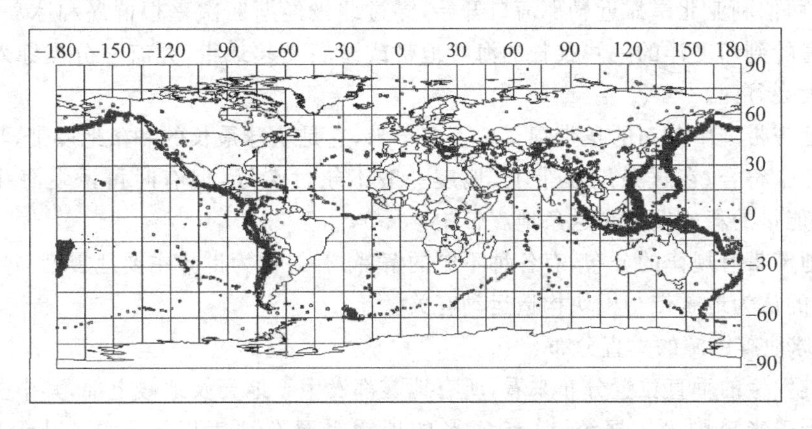

图2.9　1900—2000年全球地震震中分布图

地震带内的地震活动在时间分布上是不均匀的，显著活动和相对平静交替存在，一定时期后又重复出现。各地震带的重复期从几十年到几百年，甚或千年以上。

各地震带的大地震发生方式有单发式和连发式之分。前者以一次8级以上地震和若干中小地震来释放带内积累的能量；后者在一定时期内以多次7级～7.5级地震释放其绝大部分积累的能量。地震带内显示的各种不同的地震活动性与该地带地壳介质性质、构造形式和构造运动强弱有关。地震带一般被认为是未来可能发生强震的地带。在各地震带内还划分出不同的区段，作为独立的地震活动性和地震区域划分的统计研究单元。

1. 世界上的地震主要集中分布在三大地震带上

三大地震带即环太平洋地震带、欧亚地震带和海岭地震带。

(1) 环太平洋地震带是地球上最主要的地震带，是大洋板块的俯冲带，它像一个巨大的环，沿北美洲太平洋东岸的美国阿拉斯加向南，经加拿大本部、美国加利福尼亚和墨西哥西部地区，到达南美洲的哥伦比亚、秘鲁和智利，然后从智利转向西，穿过太平洋抵达大洋洲东边界附近，在新西兰东部海域折向北，再经斐济、印度尼西亚、菲律宾，我国台湾省、琉球群岛、日本列岛、阿留申群岛，回到美国的阿拉斯加，环绕太平洋一周，也把大陆和海洋分隔开来，地球上约有80%的地震都发生在这里。地震震源机制主要是板块俯冲引起的逆断层型，我国的台湾地震带和吉林深震带都属于环太平洋地震带，著名的美国旧金山地震、智利大地震均发生在该地震带上。

(2) 欧亚地震带又名“横贯亚欧大陆南部、非洲西北部地震带”、“地中海—喜马拉雅地震带”，主要分布于欧亚大陆，从印度尼西亚开始，经中南半岛西部和我国的云、贵、川、青、藏地区，以及印度、巴基斯坦、尼泊尔、阿富汗、伊朗、土耳其到地中海北岸，一直还伸到大西洋的亚速尔群岛，发生在这里的地震占全球地震的15%左右，是全球第二大地震活动带。这个地震带全长两万多千米，跨欧、亚、非三大洲。

(3) 海岭地震带又称大洋中脊地震带，分布在太平洋、大西洋、印度洋中的海岭(海底山脉)。是从西伯利亚北岸靠近勒那河口开始，穿过北极经斯匹次卑根群岛和冰岛，再经过大西洋中部海岭到印度洋的一些狭长的海岭地带或海底隆起地带，并有一分支穿入红海和著名的东非大裂谷区。

这一地震带震中分布的条带绵亘6万多千米，它是全球最长的一条地震带，与大洋中的海岭位置完全符合，在这条地震带上，地震一般不超过7级，但有时可诱发海啸。全球约5%的地震能量的释放发生在这条地震带中。

对于地震带有规律的分布，有各种不同的解释，有的认为世界主要地震带与年轻褶皱山脉有关，有的认为地震带与板块构造运动有关。

2. 全球地震震源的垂直分布

从地震发生的垂直位置分布来看，所有地震都发生于地壳及地幔上部，其中多数发生在地壳的数十千米范围内。据统计，有72%的地震震源在地表以下至深33km处，发生于33～300km范围内的占24%，震源深度大于300km的深源地震仅占4%。

浅源地震全球广泛分布，如沿大洋海岭、大洋边缘深海沟岛弧区、大陆的年轻褶皱带、巨大规模的地堑盆地与裂谷带、活动性大断裂带等分布。浅源地震造成的破坏极为严重，所有的灾害性地震皆属此类，约占地震总数的72.5%，此类地震是我们预防和研究的重点。

中源地震主要分布于环太平洋地震带，几乎完全是与深海沟相联系的，但深震带在空间上与深海沟隔开一段距离，在其间分布着浅源地震和中源地震。这类地震约占地震总数的24%。

在每年发生的近20次震级为7级以上的地震中，约有1次为深震，5次为中震和将近14次为浅震，因此震源越深，发生次数就越少。

3. 南北极地区是地球上最大的地震活动明显不发育的地区

南极大陆发生的地震很少，有记录的几次地震的震级也不大，因此，南极大陆是地球上最大的地震活动明显不发育的地区。全球地震监测网只记录到为数极少的地震活动。自国际地球物理年以来，已经有十多个地震台站在南极大陆工作，这些台站所记录到的局部小地震通常都是由冰山崩裂或破裂而引起的，可能是火山活动成因的小地震，与埃里伯斯山、罗斯岛及南极半岛附近的火山活动有关。

全球地震监测网几乎可以记录到世界上所有强度大于5级的地震。南极地区达到或接近这种强度的较大地震只有3次：第1次是在1952年，第2次在1974年（强度为4.9级），这两次都发生在北维多利亚地区，在此地区有一个大冰川和冰舌，第3次地震是在1985年，这次地震发生在庄宁毛德地地区。地震学家们认为，虽然1974年的那次地震的特征和起因与正常地质作用引起的地震相似，但这次地震可能是由冰川的运动所引发的。相反，1985年的那次地震则是正常构造活动所引起的，也是唯一的一次确确实实的南极地震。

2.7　中国地震活动特征

我国位于世界两大地震带——环太平洋地震带与欧亚地震带之间，受太平洋板块及印度洋板块的挤压，地震断裂带十分发育。20世纪以来，中国共发生6级以上地震近800次，遍布除贵州、浙江两省和香港特别行政区以外所有的省、自治区、直辖市。

1. 中国地震灾害的特点

中国地震活动频度高、强度大、震源浅，分布广，是一个震灾严重的国家。1900—2007年，中国死于地震的人数达55万之多，占全球地震死亡人数的53%；1949—2007年，100多次破坏性地震袭击了22个省（自治区、直辖市），其中涉及东部地区14个省份，造成27万余人丧生，占全国各类灾害死亡人数的54%，地震成灾面积达30多万平方千米，房屋倒塌达700万间。地震及其他自然灾害的严重性构成中国的基本国情之一。

统计数字表明，中国的陆地面积占全球陆地面积的1/15，即6%左右；中国的人口占全球人口的1/5左右，即20%左右，然而中国的陆地地震竟约占全球陆地地震的1/3，即33%左右，而造成地震死亡的人数竟达到全球的1/2以上。当然这也有特殊原因，一是中国的人口密、人口多；二是中国的经济落后，房屋不坚固，容易倒塌；第三与中国的地震活动强烈频繁有密切关系。

我国地震,除在吉林省珲春、延吉一带有深源地震外,其他的差不多都是发生在地壳内部的浅源地震,在表层的尤多,与地壳构造运动关系比较直接。由于是浅震,震源与震中的距离短,地震活动性便可以以地震震中的地理分布为基础,进行分析研究。地震是在一定的地质条件下发生的,一个地区如果不具备发生地震的地质条件,就不会有地震。在我国地震分布图(见图 2.10)上可以看,震中分布有些地方密,有些地方稀,粗略看上去,似乎杂乱无章,实际上是可以归结为地震区和地震带的。这些区和带,范围有大有小,但都不是偶然的,而是遵循一定的自然条件和地理情况的。人们称此图像为地震地理分布。由地震地理分布体现的震中集合体,就是所谓区域地震带。若进一步考察这些区带所在地的地质条件,还发现其是以区域地质构造的某些特殊情况为基础的,阐明其地震地质关系,以便认识该区带的地震活动特征。

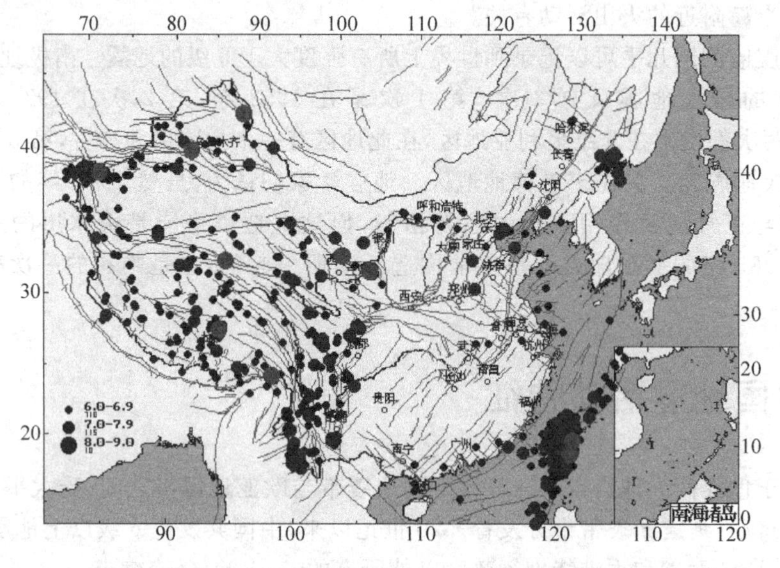

图 2.10 1900—2002 年 6 级以上地震分布图

2. 中国地震分布

我国的地震活动主要分布在 5 个地区的 23 条地震带上。这五个地区是:①台湾地区及其附近海域;②西南地区,主要是西藏、四川西部和云南中西部;③西北地区,主要在甘肃河西走廊、青海、宁夏、天山南北麓;④华北地区,主要在太行山两侧、汾渭河谷、阴山—燕山一带、山东中部和渤海湾;⑤东南沿海的广东、福建等地。我国的台湾省位于环太平洋地震带上,西藏、新疆、云南、四川、青海等省区位于地中海—喜马拉雅地震带上,其他省区处于相关的地震带上。中国地震带的分布是制定中国地震重点监视防御区的重要依据。

华北地震区 包括河北、河南、山东、内蒙古、山西、陕西、宁夏、江苏、安徽等省的全部或部分地区。1679 年河北三河 8.0 级地震、1976 年唐山 7.8 级地震就发生在这个带上,据统计，本带共发生4.7级以上地震140多次。其中7～7.9级地震5次；8级以上地震1次。在五个地震区中，它的地震强度和频度仅次于青藏高原地震区，位居全国第二。由于首都圈位于这个地区内，所以格外引人关注。据统计，该地区有据可查的8级地震曾发生过5次；7～7.9级地震曾发生过18次。加之它位于我国人口稠密、大城市集中、政治和经济、文化、交通都很发达的地区，地震灾害的威胁极为严重。

青藏高原地震区 青藏高原地震区包括兴都库什山、西昆仑山、阿尔金山、祁连山、贺兰山—六盘山、龙门山、喜马拉雅山及横断山脉东翼诸山系所围成的广大高原地域。涉及青海、西藏、新疆、甘肃、宁夏、四川、云南全部或部分地区，以及原苏联、阿富汗、巴基斯坦、印度、孟加拉、缅甸、老挝等国的部分地区。

本地震区是我国最大的一个地震区，也是地震活动最强烈、大地震频繁发生的地区。据统计，这里8级以上地震发生过9次；7～7.9级地震发生过78次，均居全国之首。

东南沿海地震带 我国东南沿海地震带地理上主要包括福建、广东两省及江西、广西邻近的小部分。这条地震带受与海岸线大致平行的新华夏系北东向活动断裂控制，另外，一些北西向活动断裂在形成发震条件中也起一定作用。这组北东向活动断裂从东到西分别为：长乐—诏安断裂带，政和—海丰断裂带、邵武—河源断裂带。沿断裂带发生过多次破坏性地震。

值得一提的是在"华南地震区"的"东南沿海外带地震带"，历史上曾发生过1604年福建泉州8.0级地震和1605年广东琼山7.5级地震。但从那时起到现在的300多年间，无显著破坏性地震发生。

南北地震带 从我国的宁夏，经甘肃东部、四川西部、直至云南，有一条纵贯中国大陆、大致南北方向的地震密集带，被称为中国南北地震带，简称南北地震带。该带向北可延伸至蒙古境内，向南可到缅甸。2008年5月12日四川汶川8.0级的大地震就发生在这一地震带上。

台湾地震带 我国台湾地震带属环太平洋地震带，地震频发，是我国主要的地震带。1999年9月21日凌晨1时47分12.6秒，发生在台湾南投县集集镇的台湾"9·21"大地震，死亡人数最超过两千人，是20世纪末期台湾地震带上最大的地震。

除台湾地震带以外，其他地震区绝大部分不在世界两大地震带范围之内，且地震能量比例很小，活动方式亦自有规律，这显然是受到我国的大地构造特征的影响。我国东部大部分是比较稳定的地台区，西部大部分是比较活动的地槽区，由于构造基础不同，主震活动情况也显然不相同。通过查阅全国的地震记录可以发现，无论是空间分布密度还是时间分布密度，都是西部地槽比东部地台区为大，而东部地区人口密度大，经济发达，地震灾害损失大，东部地震给人们印象深刻。这种东西地震分布基本情况与我国的地震地质条件是完全一致的。需要指出的是地台区与地槽区的内部构造很复杂，也还有区域的差异。例如东北地区，总地说来，也是海西地槽褶皱区，但对于内部构造与西部的海西地槽褶皱区不相同，地震活动表现有所不同。我国幅员广大，由于地质基础条件不同，各地区的构造运动发展具有各自的特殊性，影响到各地的地震活动，在空间和时间上情况都不相同。因此，研究我国地震活动特征，首先须弄清楚在不同地质条件影响下所产生的地震的时间和空间分布，然后综合分析，才能得到比较全面的认识。

3. 地震活动阶段性

地震不仅在空间分布不均匀，在时间上也表现不均匀的特性。许多研究表明，地震活动强弱交替起伏的现象具有普遍性和某些规律性。

一个地区由于地震活动强烈、释放出大量能量之后，需要一段时间重新积累足够的能量，才能再使岩石产生一系列破裂，地震再次活动。因此，一般来说，一个地区，甚至全球，地震活动都有活跃期与平静期交替出现的特点，这被称为地震的周期性或韵率，例如我国1956—1965年只发生一次7级以上的地震，1977—1984年未发生7级以上地震，而在这两个时间段之间的1966—1976年全国大陆连续发生14次7级以上地震。可见，在地震活动的高潮阶段，地震频度高，强度大，释放能量多且集中；而在低潮阶段，强震频度低、强度小，释放能量明显减小。我们把地震活动的这种平静到活动，由低潮到高潮的不同状态称为地震活动的阶段性。

由于各个地区构造活动性的差异，地震活动周期的长短是不同的。我国东部地区地震活动周期普遍比西部地区长(台湾地区除外)，东部地区一个周期大约300年，西部地区为100～200年，台湾地区为几十年。总地来看，板块边缘地震活动周期较短，板块内部地震活动周期较长。100年尺度的地震周期，可称为地震世。在一个地震世中，还可进一步划分出20年左右的周期，称地震幕。在我国华北地区，出现6级地震频繁活动，就标志着华北地区地震活动进入了活跃幕。在我国台湾地区和喜马拉雅山地区则以7级地震频繁活动为活跃幕的标志，而在东北地区和华南地区则以5级地震频繁活动为活跃幕的标志。严格地说，地震活动时间分布的周期性只是近似的，并且由于所选地区的不同、时段的不同，甚至地震目录的不同，得出的地震周期很可能会不同。即使是同一地区，地震周期的长度也不相等。这是地震活动复杂性的反映，也是依据地震活动周期来预测未来地震活动形势的困难所在。

习题2

1. 简答题

(1) 什么是正断层、逆断层?

(2) 什么是构造地震?

(3) 请论述活断层与地震的关系?

(4) 人类对地壳的认识经历了哪几个阶段?

(5) 何谓地壳板块? 何谓板块构造? 全球可分为哪几大板块?

(6) 板块边界类型有哪几种?

(7) 我国地震活动区有哪些？并说明我国地震活动的特点？

(8) 我国南北地震带指哪些地区，在该带曾发生过哪些地震？

(9) 我国地震活动在时间分布上有什么特点？

(10) 什么是地壳运动的弹性回跳？

(11) 请论述大陆漂移学说。

2. 填空题

(1) 构造地震占所有地震的比例为________。火山地震占所有地震的比例为________。

(2) 按震源深度分类，震源深度为________时称为浅源地震。

(3) 浅源地震都发生在________内。我国大部分地震是________地震。

(4) 地震过程包括________、________、________和________四个活动阶段。

(5) 断层的运动包括________和________两种形式。

(6) 中国地震活动频度高、________、震源浅、________，是一个震灾严重的国家。

(7) 海岭地震带又称大洋中脊地震带，分布在________、________、印度洋中的海岭(海底山脉)。

(8) 各板块之间相互接触的边线叫板块边界，板块边界向下一直延伸到岩石圈。板块边界有三种类型：________、生长型边界(拉张型)和________，不同的边界板块运动的方式也不同。

(9) 一般来说，一个地区，地震活动在时间上都有________出现的特点，这被称为地震活动的周期性。

(10) 我国地震，除在________有深源地震外，其他的差不多都是发生在地壳内部的浅源地震，在表层的尤多，与地壳构造运动关系比较直接。

(11) 根据板块构造学说，对作用于中国大陆及邻区地壳的水平力，普遍认为是来自于________板块朝亚欧大陆的俯冲和________板块向北运动与亚欧板块的碰撞，并认为中国大陆东部地区地震的力源主要来自________者，而中国大陆西部及边邻地区地震的力源主要来自________者。

3. 选择题

(1) 下列哪些属于地质灾害？(　　)

A. 地裂缝　　B. 沿海地区海平面上升，地面下沉

C. 地震　　D. 土地盐碱化

(2) 全球的地震带主要有(　　)。

A. 环太平洋地震带　　B. 地中海—喜马拉雅地震带

C. 环印度洋地震带　　D. 海岭地震带

(3) 在中国南北地震带地区有(　　)。

A. 宁夏　　B. 甘肃东部　　C. 云南　　D. 唐山

(4) 大陆漂移的速度慢得惊人,每年只有(　　)。

A. 1～10cm　　B. 10～100cm　　C. 0.1～1cm

(5) 每一板块均是一种巨大而坚硬的活动的岩块,其厚度(　　)不等,它包括地壳和地幔的一部分。

A. 5～33km　　B. 50～250km　　C. 250～700km

第 3 章

地震烈度与抗震设防

通过第 1 章的学习，我们了解到地震灾害具有种类多、受灾面积广、破坏性大、伤害严重的特点。而且破坏性地震往往引发一系列次生灾害，造成更大的破坏。一次破坏性地震发生后，为了最大限度地减少损失，给政府应急救援决策、灾害评估提供灾情数据以及为今后的抗震设防提供经验，需要对地震所造成的一切破坏现象、地震前后伴生的各种自然现象和社会现象等进行详细调查。那么，如何对地震灾害进行定性描述？怎样判定震害大小？科学家在地震灾害的调查中引入了判定地震灾情的标度——地震烈度。

3.1 地震烈度及地震烈度表

3.1.1 地震烈度

地震烈度是地震引起的地面震动及其影响的强弱程度。它具有三个特性，即多指标的综合性、分等级的宏观性和以后果表示原因的间接性。地震烈度来源于英文 Intensity，台湾地区称为震度。国际上研究地震烈度已有 200 多年历史，国内外许多学者都对烈度下过定义。综合来看他们定义的地震烈度就是以人的感觉、房屋震害程度、器物的反应以及地面的变化等宏观现象来描述地震破坏，并以宏观烈度表作为鉴别烈度高低的标准。

我国科学家刘恢先认为，烈度可以从两种不同的角度来定义：一种是反映地震后果的，一种是反映地震作用的。前一种适宜于抗震救灾，烈度应该按地震破坏的轻重分级；后一种适宜于地震灾害预防，烈度应按地震破坏作用的大小分级。

总之，它既可以理解为是地震破坏作用大小的一种度量，也可以作为抗震设防的参考标准，又可以作为研究地震的工具。

3.1.2 评定地震烈度大小的宏观指标

地震烈度是由地震发生后直接观察到的各种宏观现象综合评定的。它的评定指标大致可以概括为四类：人的感觉、房屋震害程度、其他震害现象、水平向地震动参数等。

1. 人的感觉

人对地震的感觉是复杂的。从感觉功能来说，有感到、听到和看到之分；从感觉程度来说，可分为无感、可感、明显有感、强烈有感、惊恐、站立不稳、倒地；从感觉性质来说，可以有上下颠簸、水平摇摆、筛动等。人的感觉也因人因地因时而异，有的人感觉灵敏而清晰，有的人感觉迟钝而模糊；楼上的人感觉大，地下和井下的人感觉小；静止中的人感觉大，而行进中的人感觉小；有的人从睡梦中惊醒，有的人则没有感觉。

地震作用下人的感觉和反应是地震动强烈程度的一个重要标志。过去，这一标志常常用于判别较低的烈度等级，如我国1957年的烈度表对人的感觉只描述到Ⅷ度；近年来，人的感觉和反应这一指标受到更多的重视，在2008年国家发布的《中国地震烈度表》(GB/T 17742—2008)中已将它延伸到Ⅹ度。

2. 房屋震害程度

地震时建筑物的损坏是造成人身伤亡和财产损失的直接原因。显然，从工程角度，房屋震害程度是评定地震烈度最重要的指标。房屋震害程度的定量指标，以0.00到1.00之间的数字表示由轻到重的震害程度，即震害指数。通常用基本完好、轻微破坏、中等破坏、严重破坏、毁坏来描述。由于房屋结构的类型和质量千差万别，这些描述分类应针对不同类型的建筑结构。我国1957年的烈度表根据当时的情况把房屋分为三类：Ⅰ类为十分简陋棚舍、土屋和毛石房；Ⅱ类为一般夯土或土坯民房和老旧木架房屋；Ⅲ类为木架房和砖房。1980年烈度表采用了用一般房屋的震害程度代替分类房屋的震害程度的简化方法。所谓“一般房屋”包括用木构架和土、石、砖墙构造的旧式房屋和单层或数层的、未经抗震设计的新式砖房。对于质量特别差或特别好的房屋，可视具体情况予以适当调整。1999年烈度表以未设防砖房的破坏为主评定量度，房屋也不作分类。2008年汶川地震震害表明对房屋震害程度的判定指标需考虑房屋抗震能力或易损性的差异。特别是近几年来，随着经济的发展，公众防震减灾意识的提高，建设科学合理的抗震设防的房屋越来越多。有鉴于此，全国地震标准化技术委员会对1999年烈度表进行了重新修订，发布了《中国地震烈度表》(GB/T 17742—2008)国家推荐标准。并将评判烈度的房屋类型由原标准的一类扩展为三类，增加旧式房屋和按照Ⅶ度抗震设防的单层或多层砖砌体房屋，即A类：木构架和土、石、砖墙建造的旧式房屋；B类：未经抗震设防的单层或多层砖砌体房屋；C类：按照Ⅶ度抗震设防的单层或多层砖砌体房屋，并明确了平均震害指数值的适用范围，使相邻烈度的平均震害指数相互搭接，给出按照Ⅶ度抗震设防的砖砌体房屋平均震害指数值。

3. 其他震害现象

地震发生时，常伴有悬挂物微动、器皿作响、家具和物品移动、掉落、烟囱出现裂缝等现象，地表的破坏现象也时有发生，如河岸和松软土出现裂缝、崩塌、滑坡、地裂、喷砂冒水、泥石流、地面隆起或陷落等。不过，把这些地表破坏现象作为评定地震烈度的宏观标志时应当特别小心，因为地震只是地表破坏的触发因素。地表破坏一般发生在特定的地形地貌、岩体构造和水文地质条件下，而且它们的变化和复杂性远远超过了人工建筑物，即使不发生地震，有些地表破坏现象也可能发生。因此，采用地表破坏程度的描述评定地震烈度时应充分考虑地表地质体的具体特征。

4. 水平向地震动参数

地震动是引起宏观现象的原因，地震烈度是宏观现象严重程度的量度，前者是因，后者是果，两者间应该有一个对应关系。由于不少人希望给地震动赋予一个定量的物理指标，既给烈度以定量的含义，又可以使它更好地为工程抗震设计服务。早期的努力仅是从简单器物在地震动作用下的反应来反推地震动的强弱。随着科学技术水平的提高及大量强震动台的建立，捕捉破坏性地震地震动成为可能。在我国，凡是强烈的地震动，记录当地均有评定的地震烈度。经过多年来的数据积累，为研究地震烈度与地震动的关系提供了良好的资料。《中国地震烈度表》中水平地震动参数和地震烈度的对应关系即是近年来的最新研究成果。

3.1.3　中国地震烈度表

世界上最早的烈度表可以追溯到16世纪中期，加斯塔尔迪在讨论1564年意大利阿尔卑斯山地震的影响时，在地图上用不同的颜色标出地震影响的强弱。自那时以来到19世纪，世界各国已经提出过50多种地震烈度表，但是接近现在常见的地震烈度表形式的，则是在1874年由意大利人罗西提出的。1881年，瑞士人佛瑞尔也独立地提出一个内容相似的烈度表，后来两人于1883年联名发表“Rossi-Forel”烈度表，该烈度表共分十度，这是最先得到广泛使用的“R-F”烈度表，至今仍用于欧洲某些地区。“R-F”烈度表把非破坏性地震由弱至强分成七个等差度，破坏性地震从破坏至毁灭分为三个等差度，共有烈度十度，用罗马数码Ⅰ、Ⅱ、Ⅲ、Ⅳ、Ⅴ、Ⅵ、Ⅶ、Ⅷ、Ⅸ、Ⅹ表示度数。20世纪前期德国人西伯格的烈度表将“R-F”的最高烈度（Ⅹ度）分为三度，做成十二度烈度表，每一烈度的判据从多方面予以充实，并用坎坎尼绝对烈度表的数据，每度配以地震影响的作用力，以地面振动的加速度计算，成为当时最完备的烈度表《简缩烈度表》（见表3.1）。一些国家便以此为蓝本，结合本国实际，编制适用于本国的烈度表。除日本使用符合其基本国情的七度烈度表外，其他国家一般采用十二度的烈度表，大致是Ⅵ度开始有轻微损伤，故可以说Ⅵ度以前为非破坏性地震，Ⅶ度以上为破坏性地震，约各占一半。

目前在美国和许多国家广泛使用的是1956年修改完成的修正默卡尼烈度表，简称MM烈度表。另一个地震烈度表是在苏联和东欧国家通用的烈度表，它是1964年由S. V. Medverge，W. Sponheuer和V. karnik三个人编制的十二度MSK烈度表，在此基础上又编制了欧洲烈度表。1957年谢毓寿结合我国建筑物的形式和结构特征，编成新的《中国地震烈度表》。经过多年来的修改完善，我国地震科学家目前已编制成了较为科学的《中国地震烈度表》(GB/T 17742—2008)，见表3.2。

表3.1 简缩烈度表

列度数		判据	最大加速度/(cm/s^2)	震级
Ⅰ	微震	只有仪器纪录	2.5	
Ⅱ	轻震	极少数敏感之人有感	2.5	3.5
Ⅲ	小震	少数休息之人有感，震动如大车驶过	5	4
Ⅳ	弱震	行动中的人亦有感，吊物摇动	10	4.5
Ⅴ	强震	人人有感，睡者震醒	25	5
Ⅵ	损坏	树木摇动，架上东西掉落，老朽和劣质房屋损坏	50	5.5
Ⅶ	轻破坏	人惊逃；房屋普遍掉土，壁面裂；不好的房屋倾倒	120	6
Ⅷ	破坏	行人摔倒；砖烟囱出现倒塌；地裂缝，滑坡、塌方常出现	250	6.5
Ⅸ	重破坏	地裂，喷水带泥沙；水管折裂；建筑物多倒塌	500	7
Ⅹ	毁灭	地裂成渠，山崩滑坡，桥梁水坝损坏，铁轨轻弯	1000	
Ⅺ	毁灭	很少建筑物能保存，铁轨弯曲，地下管道破坏，水泛滥		
Ⅻ	大灾难	全面破坏。地面起伏如波浪、大规模变形		

表3.2 中国地震烈度表(GB/T 17742—2008)

烈度	人的感觉	房屋震害程度			其他震害现象	水平向地面运动	
		类型	震害现象	平均震害指数		峰值加速度/(m/s^2)	峰值速度/(m/s)
Ⅰ	无感						
Ⅱ	室内个别静止中的人有感觉						
Ⅲ	室内少数静止中的人有感觉		门、窗轻微作响		悬挂物微动		
Ⅳ	室内多数人、室外少数人有感觉，少数人梦中惊醒		门、窗作响		悬挂物明显摆动，器皿作响		
Ⅴ	室内绝大多数、室外多数人有感觉，多数人梦中惊醒		门窗、屋顶、屋架颤动作响，灰土掉落，抹灰出现微细裂缝，有檐瓦掉落，个别屋顶烟囱掉砖		不稳定器物摇动或翻倒	0.31 (0.22～0.44)	0.03 (0.02～0.04)

续表

烈度	人的感觉	房屋震害程度			其他震害现象	水平向地面运动	
		类型	震害现象	平均震害指数		峰值加速度 /(m/s²)	峰值速度 /(m/s)
Ⅵ	多数人站立不稳，少数人惊逃户外	A	少数中等破坏，多数轻微破坏和/或基本完好	0.00～0.11	河岸和松软土出现裂缝，饱和砂层出现喷砂冒水；有的独立砖烟囱轻度裂缝		0.06 (0.05～0.09)
		B	个别中等破坏，少数轻微破坏，多数基本完好				
		C	个别轻微破坏，大多数基本完好				
Ⅶ	大多数人惊逃户外，骑自行车的人有感觉，行驶中的汽车驾乘人员有感觉	A	少数毁坏和/或严重破坏，多数中等和/或轻微破坏	0.09～0.31	河岸出现坍方；饱和砂层常见喷砂冒水，松软土地上地裂缝较多；大多数独立砖烟囱中等破坏	1.25 (0.90～1.77)	0.13 (0.10～0.18)
		B	少数中等破坏，多数轻微破坏和/或基本完好				
		C	少数中等和/或轻微破坏，多数基本完好	0.07～0.22			
Ⅷ	多数人摇晃颠簸，行走困难	A	少数毁坏，多数严重和/或中等破坏	0.29～0.51	干硬土上亦出现裂缝；大多数独立砖烟囱严重破坏；树梢折断；房屋破坏导致人畜伤亡	2.50 (1.78～3.53)	0.25 (0.19～0.35)
		B	个别毁坏，少数严重破坏，多数中等和/或轻微破坏				
		C	少数和/或中等破坏，多数轻微破坏	0.20～0.40			
Ⅸ	行动的人摔倒	A	多数严重破坏或/和毁坏	0.49～0.71	干硬土上出现地方有裂缝；基岩可能出现裂缝、错动；滑坡坍方常见；独立砖烟囱倒塌	5.00 (3.54～7.07)	0.50 (0.36～0.71)
		B	少数毁坏，多数严重和/或中等破坏				
		C	少数毁坏和/或严重破坏，多数中等和/或轻微破坏	0.38～0.60			

续表

烈度	人的感觉	房屋震害程度			其他震害现象	水平向地面运动	
		类型	震害现象	平均震害指数		峰值加速度/(m/s²)	峰值速度/(m/s)
Ⅹ	骑自行车的人会摔倒，处不稳状态的人会摔离原地，有抛起感	A	绝大多数毁坏	0.69～0.91	山崩和地震断裂出现；基岩上拱桥破坏；大多数独立砖烟囱从根部破坏或倒毁	10.00 (7.08～4.14)	1.00 (0.72～1.41)
		B	大多数毁坏				
		C	多数毁坏和/或严重破坏	0.58～0.80			
Ⅺ		A	绝大多数毁坏	0.89～1.00	地震断裂延续很长；大量山崩滑坡		
		B					
		C		0.78～1.00			
Ⅻ		A	几乎全部毁坏	1.00	地面剧烈变化，山河改观		
		B					
		C					

表3.2中的“个别、少数、多数、大多数、绝大多数”五种数量词界定为：“个别”为10%以下；“少数”为10%～45%；“多数”为40%～70%；“大多数”为60%～90%；“绝大多数”为80%以上。用于评定烈度的房屋类型扩展为三种类型，对房屋破坏等级及其对应的震害指数进行了规定。即基本完好、轻微破坏、中等破坏、严重破坏和毁坏五类。其震害指数对应关系，一般情况下，基本完好为承重和非承重构件完好，或个别非承重构件轻微损坏，不加修理可继续使用，对应的震害指数范围为 $0.00 \leqslant D < 0.10$；轻微破坏为个别承重构件出现可见裂缝，非承重构件有明显裂缝，不需要修理或稍加修理即可继续使用，对应的震害指数范围为 $0.10 \leqslant D < 0.30$；中等破坏为多数承重出现轻微裂缝，部分有明显裂缝，个别非承重构件破坏严重，需要一般修理后可使用，对应的震害指数范围为 $0.30 \leqslant D < 0.55$；严重破坏为多数承重构件破坏较严重，非承重构件局部倒塌，房屋修复困难。对应的震害指数范围为 $0.55 \leqslant D < 0.85$；毁坏为多数承重构件严重破坏，房屋结构濒于崩溃或已倒塌，已无修复可能。对应的震害指数范围为 $0.85 \leqslant D \leqslant 1.00$。

在使用《中国地震烈度表》评定地震烈度时，Ⅰ度～Ⅴ度应以地面上以及底层房屋中的人的感觉和其他震害现象为主；Ⅵ度～Ⅹ度应以房屋震害为主，参照其他震害现象；当用房屋震害程度与平均震害指数评定结果不同时，应以震害程度评定结果为主，并综合考虑不同类型房屋的平均震害指数；Ⅺ度和Ⅻ度应综合房屋震害和地表震害现象。并对以下三种情况的烈度评定结果，应做适当调整。一是当采用高楼上的人为感觉和器物的反应评定地震烈度时，应适当降低烈度值；二是当采用低于或高于Ⅶ度抗震设计房屋的震害程度和平均震害指数评定地震烈度时，应适当降低或提高评定值；三是当采用建筑质量特别差或特别好房屋的震害程度和平均震害指数评定地震烈度时，应适当降低或提高评定值。当计算的平均震害指数值位于表 3.2 中地震烈度对应的平均震害指数重叠搭接区间时，可参照其他判别指标和震害现象综合判定地震烈度。各类房屋的平均震害指数按下式计算：

$$D = \sum_{i=1}^{5} d_i \lambda_i \tag{3.1}$$

式(3.1)中 d_i 为房屋破坏等级为 i 的震害指数；λ_i 为破坏等级为 i 的房屋破坏比，用破坏面积与总面积之比或破坏栋数与总栋数之比表示。

农村可按自然村，城镇可按街区为单位进行地震烈度评定，面积以 1km^2 为宜。当有自由场地强震动记录时，水平向地震动峰值加速度和峰值速度可作为综合评定地震烈度的参考指标。

3.1.4　地震烈度影响因素

影响震灾大小的因素，主要来自地震本身和受震体两个方面。一方面地震本身。由于形成震害的三要素是地震动强度、频谱特性、持续时间。所以烈度受地震大小、震源深浅、离震中远近、地震发生时间、地震类型等因素的影响。另一方面，地震受体因素。主要包含天然环境因素、人工环境因素和社会环境因素。天然环境因素：主要指地理环境，地质环境，场地环境等；人工环境：主要包括居民住宅，工业建筑，各类公共设施，生命线工程以及其他人工建筑物的抗震性能等；社会环境：主要包括城市，农村，社会文明程度，人们的知识水平、抗灾意识、应变能力、科学管理水平，震区人口密度、经济发展程度等。所以加强建筑物的抗震设防，提高全民防震减灾意识是减小地震损失行之有效的方法。

1. 地震烈度与震级关系

地震烈度是衡量地震影响和破坏程度的一把“尺子”，而震级反映的是地震释放能量的大小。一次地震后，不同的地点烈度亦不相同，而震级只有一个。打个比方，震级好比一盏灯光的瓦数，地震烈度好比某一点受光亮照射的程度，某点的亮度不仅与灯泡的瓦数有关，而且与距离的远近(震中距)有关。一般而言，震级越大，震中区地震烈度就越大。

烈度是地震对某一地区的影响和破坏程度。它除了与震级、震中距有关外，还与震源深度、地质构造、地基条件和建筑物抗震能力等有关。它是用“度”来表示。一般来说，震中区烈度最高；随着震中距增大，烈度一般逐渐降低。

一般情况下，震源浅，震级大的地震，破坏面积较小，但极震区破坏则较严重；震源较深、震级大的地震，影响面积较大，而震中烈度则不太高(见表 3.3)。

2. 场地条件的影响

场地条件一般指局部地质条件，如近地表几十米至几百米内的地基土壤、地下水位等工程地质情况、地形及断层破碎带等。国内外震害经验一致表明场地条件是震害或地震烈度的主要因素，且早在 1906 年旧金山大地震中人们已经认识到这种影响。

表 3.3　震级、震中距与震源深度关系表

震中烈度 / 震源深度/km / 震级	5	10	15	20
≤3 级	5	4	3.5	3
4 级	6.5	5.5	5	4.5
5 级	8	7	6.5	6
6 级	9.5	8.5	8	7.5
7 级	11	10	9.5	9
8 级	12	11.5	11	10.5

(1) 场地土的影响

场地土对震害的影响在场地条件中占首要地位，几乎每次大地震都可以看到这种影响的事例。如果把场地土分为四类：岩石、坚硬土或软质岩石、中软土和软弱土，则这四类场地土的特性迥然不同。从抗震角度看，至少有两点不同：一是它们的刚度不同，地震波在其中传播的情况也不同，刚度大则传播速度快而衰减小；二是它们的动力强度不同，在地震波动作用下，基岩强度很高，一般不破坏。相反，松散软弱的场地土则很容易产生地基失效。因此，不同的层厚或不同几何形状的场地土，就会具有不同的动力特性，从而影响到其中传播的地震波特性，进而影响到震害或地震烈度。

世界上许多国家通过围海造田得到土地，并在上面建造房屋。事实证明，这是极其危险的，也是得不偿失的。由于填充区的砂质土在地震来临时，可能发生液化，如 1989 年洛马普瑞特地震中，就发生了这种现象。而砂土液化的直接后果是造成地面倾斜，建筑物与其地基分离，部分或整体倒塌。震区仪器测定的结果：填充地区将地震动放大了 8 倍(如图 3.1 所示)。震后调查，在填充区 70%以上的建筑物已不适合居住。图 3.2 为日本新潟地震渗满海水的砂土液化，因建筑抗震结构较好，整个公寓楼楼体并无损坏，但整座楼都因地基塌陷而大面积倾斜。

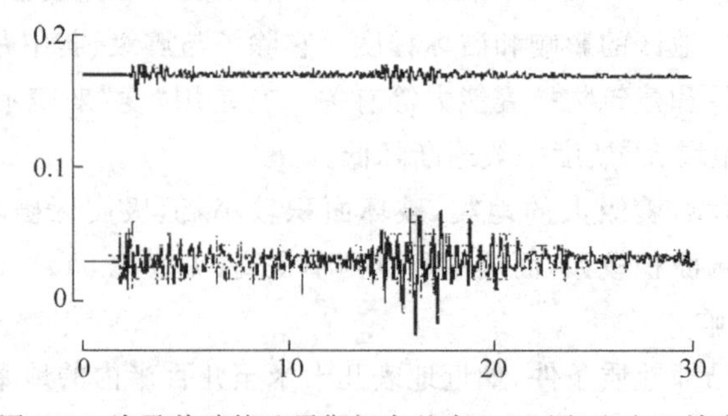

图 3.1　洛马普瑞特地震期间在基岩上(上图)和人工填充地上(下图)记录到的两种地震图

图 3.2　日本新潟地震中砂土液化使公寓楼整体倾斜

(2) 地质构造对地震烈度的影响

在历次地震震灾的调查研究中，经常发生在断层上或断层附近的建筑物破坏严重的现象。从工程观点看，地震断层可以分为两种。一种是发震断层，即由其破裂才引起的地震，也就是说，地震时它释放出了能量，发震断层一般在极震区内；另一种是非发震断层，地震中它并未释放能量。发震断层对烈度影响很大，因为它释放出巨大的能量，以地震波的形式向外扩散，从而造成破坏。发震断层的另一影响是由断层位错引起的地基失效造成的各种破坏，如滑坡、地裂缝。1976 年唐山地震中，宁河为Ⅷ度区中的Ⅸ度异常区(见图 3.3)，除了地基条件外，可能还与地质构造有关。宁河高烈度异常区在构造上位于黄骅凹陷内，第四纪沉积物较厚，断层比较发育，有北西向宁河、宝坻新构造断裂通过。因此，在城市规划建设中，避开活断层，是城市安全设计必须考虑的问题。

(3) 局部地形的影响

国内外宏观震害表明，在孤立突出的小山包、小山梁上的房屋震害一般较重。如 1974 年云南永善—大关 7.1 级地震中，瓦窑坪至回龙湾的Ⅷ度异常区是由一组位于孤立突出的小土包顶部或陡坡上村庄的高烈度引起的，与断层无关。

总之，地震烈度受到震级、震中距、震源深度、地质构造、场地条件及建筑的抗震能力和质量等多种因素的综合影响。在分析和评定地震烈度时，除了要进行必要的理论计算，同时应充分考虑各个因素在评定地震烈度级别时的贡献率。

3.1.5　地震烈度分布图

绘制地震烈度图有两个步骤：首先将调查评定的各个地点的烈度一一标在一张大地图上；然后再用曲线将不同烈度区分开，使得在同一区内的烈度都相同。第一步较为简单，但第二步做起来并不容易。当第一步做完后就会发现，调查得到的烈度分布并不均匀和连续，

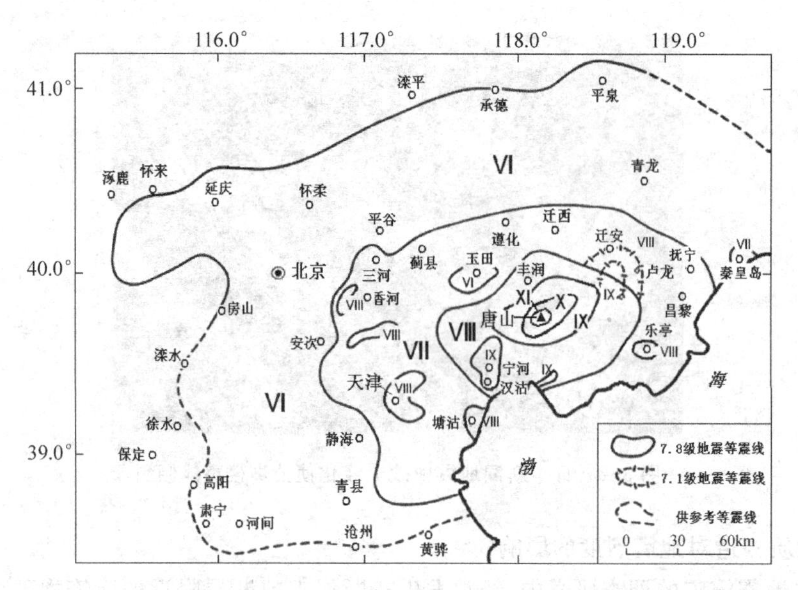

图 3.3 唐山地震烈度分布

而且常常是较零乱的。有的区域,一个或多个低烈度点被一大片高烈度点所包围,但在有的地区却反过来;另外,有些地区缺乏宏观调查标志,使得能够评定烈度的地点不够密,在地图中出现一个空白区。那么,应该遵循什么样的原则来绘制地震烈度图呢?第一,总体来看,烈度分区线应近似于圆形或椭圆形,而且由震中高烈度区向外逐步降低一度;第二,不严格要求在一个烈度区内完全不存在不同的烈度点,以免烈度区过于曲折;但必须要求在一个烈度分区中以同一烈度的点占绝大多数,而只容忍有一小部分高一度或低一度烈度异常点。这些烈度异常点密集在一起构成的地区称为烈度异常区。按这些原则绘制出来的烈度分布图称为等震线图(见图 3.3)。一次地震的地震烈度图中,围绕震中的最内一圈的最高烈度称为震中烈度。震中烈度是震源附近宏观破坏最严重区域的地震烈度,一般是一次地震的最高烈度,通常用 I_0 表示,它与震级 M 和震源深度 h 有关,因此可以建立相互间的经验关系。若干统计研究结果如下:

$$M=\frac{2}{3}I_0+1 \quad (古登堡—里希特,1956) \tag{3.2}$$

$$M=0.6I_0+1.45 \quad (卢荣俭等,1981) \tag{3.3}$$

$$M=0.58I_0+1.5 \quad (李善邦,1960) \tag{3.4}$$

式(3.4)应用于历史地震,与表 3.4 相当。

表 3.4 历史地震震级与震中烈度对照表(李善邦,1960)

震级	<4.75	4.75~5.25	5.5~5.75	6~6.5	6.75~7	7.25~7.75	8~8.5	>8.5
震中烈度	<Ⅵ	Ⅵ	Ⅶ	Ⅷ	Ⅸ	Ⅹ	Ⅺ	Ⅻ

按照上述的步骤和原则。汶川 8.0 级地震发生后，中国地震局组织专家赴四川、甘肃、陕西、重庆、云南、宁夏等省(自治区、直辖市)开展了现场调查，调查面积达 50×10^4 km²，调查点 4150 个，在实地调查基础上，编绘了汶川 8.0 级地震烈度分布图(见图 3.4)。本次地震的震中烈度达Ⅺ度，以汶川县映秀镇和北川县县城为两个中心，呈长条状分布，面积约 2419km²，其中映秀Ⅺ度区沿汶川—都江堰—彭州方向分布，长轴约 66km，短轴约 20km，北川Ⅺ度区沿安县—北川—平武方向分布，长轴约 82km，短轴约 15km。Ⅵ度以上的破坏面积合计 440 442km²，涉及四川、重庆、陕西、甘肃、宁夏五个省(市、自治区)。Ⅸ度以上地区破坏极其严重，其分布区域紧靠发震断层，沿断层走向成长条形状；Ⅹ度和Ⅺ度边界受龙门山前山断裂错动的影响，在绵竹市和什邡市山区向盆地方向突出，都江堰市区也略有突出。

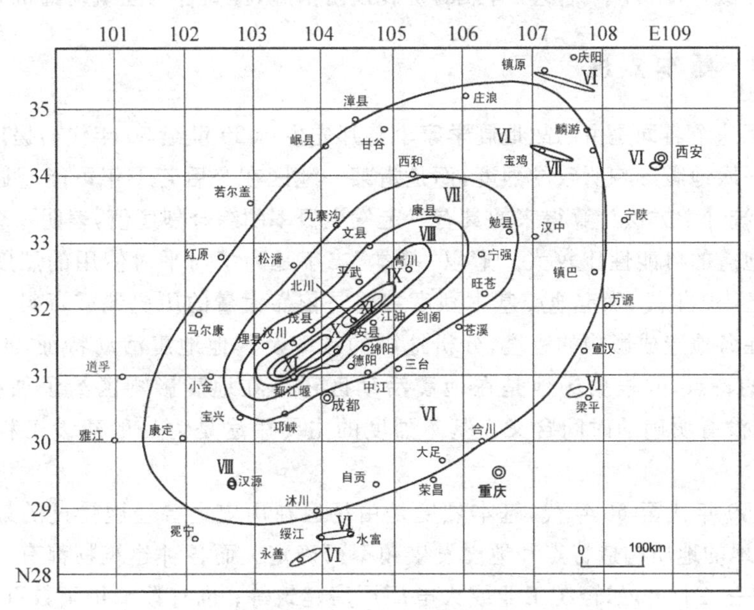

图 3.4 汶川 8.0 级地震烈度分布图

3.1.6 地震烈度异常区

在地震烈度图中常常看到这样一种现象，即一个烈度区内出现零星分布的“孤岛”，这些“孤岛”中的烈度高于或者低于所在烈度区烈度。高于所在烈度的“孤岛”称为高烈度异常区；低于所在烈度区的“孤岛”称为低烈度异常区。这种烈度异常区现象几乎在每次地震中都会存在(见图 3.3、图 3.4)。

形成烈度异常区的原因多与地形、地貌、地基土壤特性等场地条件有关，也可能与地震波在特定的地壳界面传播中产生的十分复杂的辐射干涉现象有关。另外，一些烈度异常区还在历史地震中多次重复出现。例如，1976 年唐山地震时，在距唐山西北约 50km 的玉田县，就是Ⅶ度区中的Ⅵ度低异常区，该异常区范围较大，东西长约 30km，南北宽约 15km(见

图3.3)。据历史地震记载,在1679年三河—平谷地震时,玉田的烈度也显然低于周围地区。

3.2 基本烈度与地震危险性区划

我国是一个地震频发的国家,实行预防为主、防御与救助相结合是长期以来我国防震减灾工作的方针。我国大陆地震呈不均匀性分布,实施科学预防的一个重要措施就是有必要根据某一地区的历史地震活动水平、地震构造条件等进行危险性分析和评估,从而划分不同级别的预防区域,采用科学、合理、有效的抗震设防措施,提高各类建筑物的抗震能力。

3.2.1 基本烈度

基本烈度这个名词是由已故地震学家李善邦先生于20世纪50年代初提出的。基本烈度不同于某一次地震影响所致的烈度,而是指某一地区在今后若干年可能遭遇到的最大危险烈度,是用统计学方法计算得来的具有一定发生概率的综合烈度值,表明一个地区发生这个地震烈度地震的可能性比较大。冠以"基本"二字是为了与平时使用的烈度意义进行区别。50年代至60年代,确定地震基本烈度主要是依靠大量的历史地震资料。根据资料确定每次地震在各地造成影响的程度,分析地震的频率及其他地震活动特征,再结合当地地质构造运动的特点,并根据场地是在地震活动区还是在地震影响区给予加权,最后确定基本烈度,它没有明确的时间含义。基本烈度的主要用途是为一般建设工程提供抗震设防标准。

20世纪50年代至60年代,基本烈度是由场区在历史上曾经遭受过的最大烈度为基础,并结合当地的地质构造特点和地震发生频率而确定。而各种建筑物都有一定的使用寿命,短的不过一二十年,如轻纺工业或火电厂厂房建筑等;也有数十年至数百年的,如大型水坝和铁路桥梁等。如果在建筑物使用寿期内不致遭遇危险地震,则无须考虑抗震措施,以节省资金投入。很明显,工程师们所需要的地震烈度是要附有明确的时间概念的,例如标明10年、20年、50年或100年内可能遭遇的最大地震烈度。

到20世纪80年代,为了适应工程建设抗震设计的实际需要和地震科学的发展水平,地震基本烈度含义发生了新的变化,是指50年期限内,一般场地条件下,可能遭遇大于或等于超越概率为10%的烈度值。50年超越概率为10%的风险水平,是目前国际上一般建筑物普遍采用的抗震设防标准,一直沿用到今天。

3.2.2 《中国地震动参数区划图》

《中国地震烈度区划图》是根据国家抗震设防需要和当前的科学技术水平,按照各地可能遭受的地震危险程度对国土进行划分,以图件的形式展示地区间潜在地震危险性的差异。

国际上大致有三类地震烈度区划图：第一类以苏联戈尔什可夫编制的苏联区划图为代表，它以宏观烈度为区划标志，根据历史地震和地震地质资料编制；第二类以日本河角广编制的日本地震烈度区划图为代表，它以历史地震资料为依据，考虑地震发生频率，用地面加速度峰值等值线勾绘；第三类用科内尔提出的地震危险性分析方法，以阿尔杰米森和珀金斯编制的美国地震区划图为代表。中国从20世纪30年代开始做地震区划工作。新中国成立以来，曾三次(1956年、1977年、1990年)编制全国性的地震烈度区划图。其中1990年编制的1∶400万《中国地震烈度区划图》所标示的地震烈度值系指在50年期限内，一般场地条件下可能遭遇的地震事件中超越概率为10%所对应的烈度值。因此，它可以作为一般建设工程和民用建筑的抗震设防依据及国家经济建设和国土利用规划的基础资料，同时也是制定减轻和防御地震灾害对策的依据。但《中国地震烈度区划图》是以定性的"烈度"等级为标准，既不能准确反映地震动的物理效应，也不能满足经济和科学发展的要求。因此，工程建设对地震动参数区划的需求日益迫切。2001年，国家地震标准化委员会根据经济和社会发展对工程安全的要求，以及科学技术进步的推动，编制了第一部强制性标准《中国地震动参数区划图》，该图主要的技术要素是"两图一表"，即《中国地震动峰值加速度区划图》、《中国地震动反应谱特征周期区划图》和《地震动反应谱特征周期调整表》。并直接采用了地震动参数(峰值加速度)，不再采用地震烈度。2011年，在此基础上又进行了修改和完善。新版的《中国地震动参数区划图》综合考虑了地震环境、工程的重要性和可接受的风险水平、经济承受能力及所要达到的安全目标等因素，是一般建设工程的抗震设防要求和编制社会经济发展与国土规划的依据。

3.2.3　抗震设防和防震减灾

地震引起的建筑物和工程设施倒塌破坏是导致人员伤亡和经济损失的主要原因，只有使建筑物和工程设施具备适当的抗震能力才能有效减轻地震造成的人员伤亡和经济损失。在地震现场经常会见到同一个地区，有的建筑物完好，有的严重损坏甚至倒塌。1976年7月28日，几乎没有抗震设防的北方工业重地唐山瞬间被夷为平地。然而人们发现在一片倒塌的废墟中，唐山面粉厂居然安然屹立着。原来唐山面粉厂在建造时，套用了新疆面粉厂按Ⅷ度设防的图纸，才在这次大震中免遭灭顶之灾。无独有偶，日本关东大地震时，东京许多建筑物夷为平地，而经过美国建筑师特赖特殊抗震设计的帝国大厦却安然无恙，这极大地鼓励人类战胜地震灾害的信心，激发科学家对抗震设防的研究，并根据不同工程的要求制定抗震设计规范，科学采用抗震设防标准(即衡量抗震设防要求高低的尺度，由抗震设防烈度或设计地震动参数及建筑抗震设防类别确定)。

建设工程抗震设防涉及工程的选址规划一直到竣工验收的全过程，确定科学合理的抗震设防要求是抗震设防的基础，只有按抗震设防要求和抗震设计规范进行严格的设计和施工，才能保证建筑物具备一定的抗震能力。那么，什么是抗震设防要求呢？抗震设防要求就是建设工程抗御地震破坏的准则和在一定风险水准下抗震设计采用的地震烈度或地震动参数。其确定是一个科学的决策过程。取决于以下几个因素：一是地震环境。即工程使用期内的地震危险性。这主要取决于工程场地所处地震地质构造环境、地震活动性背景及工程场地的工程地质条件。二是建设工程的重要程度。建设工程越重要，其抗震设防要求就越高。三是允许的风险水平。如一般建设工程通常采用475年(即50年超越概率10%的水准)一遇的风险水平确定抗震设防要求。而重要工程，如核电站，一般采用万年(即100年超越概率1%的水准)一遇的风险水平确定抗震设防要求。四是国家经济承受能力。抗震设防水准的提高与工程投资成正比。抗震设防要求的确定必须符合国情。随着我国经济实力的逐渐增强，我国的抗震设防要求也在不断提高。如原来规定地震烈度Ⅵ度区不设防，而现在Ⅵ度及以上地区必须设防。五是要达到的安全目标。

3.2.4 抗震设防目标和分类

1. 我国抗震设防目标

抗震设防目标是指建筑结构遭遇不同水准的地震影响时，对结构、构件、使用功能、设备的损坏程度及人身安全的总要求。建筑设防目标要求建筑物在使用期间，对不同频率和强度的地震，应具有不同的抵抗能力。当遭遇第一水准烈度(众值烈度)时，建筑处于正常使用状态，从结构抗震分析角度，可以视为弹性体系，采用弹性反应谱进行分析；当遭遇第二水准烈度(基本烈度)时，结构进入非弹性工作阶段，但非弹性变形或结构体系的损坏控制在可修复的范围；当遭遇第三水准烈度(预估的罕遇地震)时，结构有较大的非弹性变形，但应控制在规定的范围内，以免倒塌。上述三个水准，具体描述如下。

第一水准：当遭受低于本地区抗震设防烈度的多遇地震(或称小震)影响时，建筑物一般不受损坏或不需修理仍可继续使用；第二水准：当遭受本地区规定设防烈度的地震(或称中震)影响时，建筑物可能产生一定的损坏，经一般修理或不需修理仍可继续使用。第三水准：当遭受高于本地区规定设防烈度的预估的罕遇地震(或称大震)影响时，建筑可能产生重大破坏，但不致倒塌或发生危及生命的严重破坏。以上水准通常可概括为"小震不坏，中震可修、大震不倒"。

结构物在强烈地震中不损坏是不可能的，抗震设防的底线是建筑物不倒塌，只要不倒塌就可以大大减少生命财产的损失，减轻灾害。

2. 抗震设防分类

不同的建筑物在遭遇地震破坏后，可能造成人员伤亡、直接和间接经济损失、社会影响的程度及其在抗震救灾中的作用的重要性等方面有所不同，因此，有必要对不同的建筑抗震设防类别进行划分。

(1) 建筑工程应分为以下四种抗震设防类别：

① 特殊设防类：指使用上有特殊设施，涉及国家公共安全的重大建筑工程和地震时可能发生严重次生灾害等特别重大灾害后果，需要进行特殊设防的建筑。简称甲类。

② 重点设防类：指地震时使用功能不能中断或需尽快恢复的生命线相关建筑，以及地

震时可能导致大量人员伤亡等重大灾害后果，需要提高设防标准的建筑。简称乙类。

③ 标准设防类：指大量的除①、②、④以外按标准要求进行设防的建筑。简称丙类。

④ 适度设防类：指使用上人员稀少且震损不致产生次生灾害，允许在一定条件下适度降低要求的建筑。简称丁类。

(2) 建筑抗震设防类别划分，应根据下列因素的综合分析确定：

① 建筑破坏造成的人员伤亡、直接和间接经济损失及社会影响的大小。

② 城镇的大小、行业的特点、工矿企业的规模。

③ 建筑使用功能失效后，对全局的影响范围大小、抗震救灾影响及恢复的难易程度。

④ 建筑各区段的重要性有显著不同时，可按区段划分抗震设防类别。下部区段的类别不应低于上部区段。

⑤ 不同行业的相同建筑，当所处地位及地震破坏所产生的后果和影响不同时，其抗震设防类别可不相同。

(3) 各抗震设防类别建筑的抗震设防标准，应符合下列要求：

① 适度设防类，允许比本地区抗震设防烈度的要求适当降低其抗震措施，但抗震设防烈度为6度时不应降低。一般情况下，仍应按本地区抗震设防烈度确定其地震作用。

② 标准设防类，应按本地区抗震设防烈度确定其抗震措施和地震作用，达到在遭遇高于当地抗震设防烈度的预估罕遇地震影响时不致倒塌或发生危及生命安全的严重破坏的抗震设防目标。

③ 重点设防类，应按高于本地区抗震设防烈度一度的要求加强其抗震措施；但抗震设防烈度为Ⅸ度时应按比Ⅸ度更高的要求采取抗震措施；地基基础的抗震措施，应符合有关规定。同时，应按本地区抗震设防烈度确定其地震作用。

④ 特殊设防类，应按高于本地区抗震设防烈度提高一度的要求加强其抗震措施；但抗震设防烈度为Ⅸ度时应按比Ⅸ度更高的要求采取抗震措施。同时，应按批准的地震安全性评价的结果且高于本地区抗震设防烈度的要求确定其地震作用。

3. 地震安全性评价与抗震设防

地震安全性评价是一项专业性强的技术工作，它是对具体建设工程场址和场址周围的地震与地震地质环境的调查、场地地震工程地质条件的勘测，通过地震地质、地球物理、地震工程等多学科资料的综合评价和分析计算，按照工程类型、性质和重要性及采用的风险概率水准，科学合理地给出与工程抗震设防要求相应的地震动参数，以及场址的地震地质灾害预测结果。其主要内容包括工程场地和场地周围区域的地震活动环境评价、地震地质环境评价、断裂活动性鉴定、地震危险性分析、设计地震动参数确定(加速度、设计反应谱和地震动时程曲线等)、地震地质灾害评价等。重大工程和可能发生严重次生灾害的建设工程，应当按照国务院有关规定进行地震安全性评价。经审定的地震安全性评价的结果，经地震部门的审核批准后即可作为该工程的抗震设防要求。对于一般建设工程可以参照《中国地震动参数区划图》的有关规定进行抗震设防，不需要进行专门的地震安全性评价工作。

3.2.5 抗震设防烈度

抗震设防烈度是按国家规定的权限批准作为一个地区抗震设防依据的地震烈度。一般情况下，取50年内超越概率10%的地震烈度。我国许多大中城市位于地震活动较强地区，那里人口稠密，高楼大厦林立，对水、电、煤气、交通、通信等生命线工程的依赖性很大。在充分考虑安全第一的情况下，如何更经济地进行基础建设，科学合理地进行抗震设防和地震危险性分析就显得十分重要。

地震危险性分析是对某一特定的工程场址，评定在工程寿命期内可能遭遇地震动强弱及相关特性。主要目的是为工程抗震设计提供依据。地震危险性分析实质上是中长期地震预报向工程抗震设防方面的延伸与拓展。通过地震危险性分析，把对研究地区的地震构造环境特征、地震活动性特征和地震动衰减特征调查分析结果等信息融入到计算工程场址的设计地震动参数中去。因此，评定某一个地点的地震危险性，需要做三个方面的工作：第一，评定工程场址周围，即分别估计距离场址不小于150km的区域范围和距离场址不小于25km的近场范围内未来一段时间内的地震活动水平和强度。第二，通过对如上范围内的地震地质环境进行分析研究，综合判定发震构造和背景。第三，根据工程特性，进行场地工程地质勘察。研究场地有关参数。综合上述三个研究成果，开展地震危险性分析、地震地质灾害评价和设计地震动参数的确定。

我国的地震危险性研究起自20世纪40年代。随着科学技术的发展，为满足蓬勃发展的工程建设的需要，地震危险性评定工作大致经历了两个重要的发展阶段：第一阶段自50年代初期到70年代后期，所用的方法称之为确定性方法。主要方法是采用综合概率法、地震构造法和历史地震法研究确定的较大地震作为地震危险性确定性分析方法的结果；第二阶段自70年代后期至今，发展了一种地震危险性分析，即综合概率方法。综合概率方法的特点是假定地震的发生是随机事件，建立地震发生的概率模型，然后在统一考虑地震环境，地震构造环境和场地条件的基础上确定与设防概率水平相应的地震动参数，我国现行的各类建设工程的《抗震设计规范》大都是以“设防烈度”或“设计烈度”为依据的。特别是地基处理、选材选型和结构抗震措施等，均要求按烈度分档进行设计。大型水利枢纽工程或核电厂选址和设计中，按照法律规定必须进行Ⅰ级地震安全性评价工作，提供科学合理的抗震设防烈度或设计地震动参数。在《核电厂抗震设计规范》(GB 50267—1997)中还规定，对安全壳等结构和构件的抗震措施，应符合现行国家标准《建筑抗震设计规范》对Ⅸ度抗震设防时的有关要求。可以说，当今中国的抗震设计还离不开抗震设防烈度。

抗震设防烈度是设计使用年限内预计发生的地震烈度。一般建筑物设计时要满足不低于当地地震基本烈度的设计要求。如当地的地震基本烈度为Ⅵ度，那么建筑物的抗震设防烈度至少为Ⅵ度，当然，有些重要的建筑要求可能是Ⅶ度或Ⅷ度。即地震基本烈度是抗震设防烈度的基准。设防烈度是对建筑物的抗震性能的要求，它不仅和当地的地震基本烈度有关，还和建筑物本身的要求有关，特殊设防类、重点设防类、标准设防类、适度设防类四类建筑设防烈度是不同的。设防烈度越高，建筑物越安全，但所投入的资金也越大。

对特殊设防类建筑，地震作用应高于本地区抗震设防烈度的要求，当抗震设防烈度为Ⅵ～Ⅷ度时，应符合本地区抗震设防烈度提高一度的要求，当为Ⅸ度时，应符合比Ⅸ度更高的要求；对重点设防类建筑，一般情况下，当抗震设防烈度为Ⅵ～Ⅷ度时，应符合本地区抗震设防烈度提高一度的要求，当Ⅸ度时，应符合比Ⅸ度抗震设防更高的要求，对较小的重点设防类建筑，当其结构改用抗震性能较好的结构类型时，应允许仍按本地区抗震设防烈度的要求采取抗震措施；对标准设防类建筑，地震作用和抗震措施均应符合本地区抗震设防烈度要求；对适度设防类建筑，地震作用应符合本地区抗震设防烈度的要求，抗震措施应允许比本地区抗震设防烈度适当降低，但设防烈度为Ⅵ度时，不应降低。

抗震设防烈度确定后，进行抗震施工。为了消除地面强振动(加速度)的影响，工程师们已试图将建筑物的地基与地震动在某种程度上“隔离”起来。这种设计方法可追溯到至少一个世纪前，当时提出了许多抗震专利设计把地面震动与建筑设施“隔离”。事实上，这种方案是由赖特在他的东京帝国旅馆提出的，它的核心思想是让建筑物在地震时能有效地移动，并且同时借助于在地面与建筑物框架之间安置缓冲装置(它的作用就像汽车的减震器一样)，减弱向上传入建筑物的高频加速度，从而保护建筑物。

汶川地震后，国务院有关部门修订的《建筑工程抗震设防分类标准》，按照修订后的分类标准，所有幼儿园、小学、中学的教学用房以及学生宿舍和食堂抗震设防类别应不低于重点设防类(甲类、乙类建筑物)。划入该类别的建筑应按高于本地区抗震设防烈度一度的要求加强其抗震措施。

汶川地震的极震区汶川县及北川县等地的抗震设防烈度根据《建筑抗震设计规范》都是Ⅶ度。但是，从图3.1汶川地震烈度分布图可见，这两个地区在本次地震的地震烈度是Ⅹ度至Ⅺ度。因而抗震设防烈度比本次地震烈度小3～4度。所以这两个地区的震害损失非常大也就不难理解了。因此，客观地说，本次地震中许多房屋倒塌，既有人为的因素，又有大地震作用效果强烈的因素。

回顾我国地震灾害的发展历史，我们发现无抗震设防或抗震设防标准低是造成震害异常严重的主要原因。如1976年7月28日的唐山地震，极震区地震烈度达到了Ⅺ度，但是当时唐山市的基本烈度只划定为Ⅵ度，而按当时的建筑规范，Ⅵ度区不设防。不过当地一家面粉厂因为当初误拿了新疆乌鲁木齐面粉厂(地震基本烈度Ⅷ度)的图纸设计，成为当地极少数没有倒塌的建筑物之一。本次汶川地震同样存在这样的问题，当地基本烈度为Ⅶ度远小于极震区的Ⅹ度至Ⅺ度的地震烈度。但是，这一问题的产生有着复杂的原因，其中人类对地震尤其是地震活动规律认识水平较低就是一个主要原因。具体说来，基本烈度是通过统计的方法得到的，而不是基于对地震发生物理模型得到的，所以存在偏差是正常的。所以，这也体现了人类目前对自然界的认识水平低，还不足以完全抗御地震灾害，只能尽可能的减小损失。汶川地震后，国家发布了《中国地震动参数区划图》第一号和第二号修改单，对汶川地震灾区和甘肃南部的地震动参数重新进行了修改。在汶川地震的恢复重建中得到了广泛应用，对于极震区之一的北川县城，重建时考虑到其基本烈度太大的现实，国家决定北川县城异地重建，这就是前述基本烈度较高区域降低地震风险的一种方法，其他区域也要按Ⅷ度甚至Ⅸ度来设防，特别是人口密集的中小学及医院等公共场所。

而对于我们整个国家来说，虽然以前由于经济水平低下造成无法按照抗震设防标准进行设防，而造成许多不应有的震害损失，但是随着我国经济的不断发展及国家对基础设施建设投入的增加，到2020年，我国将基本具备综合抗御6级左右、相当于各地区地震基本烈度的地震的能力，大中城市经济发达地区的防震减灾能力将达到中等发达国家水平。

习题 3

1. 简答题

(1) 什么是地震烈度，地震烈度表？

(2) 划分烈度的依据是什么？

(3) 什么是基本地震烈度，研究基本烈度有什么意义？

(4) 什么是震灾指数？怎么确定某地区震灾指数？

(5) 地震烈度的宏观调查是怎么进行的？

(6) 简述我国基本地震烈度状态，并分析我国地震危险性，说明抗震设防的意义。

(7) 什么是抗震设防烈度？

(8) 利用地震烈度知识，解释分析唐山地震和汶川地震的震灾情况。

(9) 生命线工程指的是什么？

2. 填空题

(1) 1883年，第一个烈度表是由________制定，分________级。

(2) 同一地震烈度区内较周围地区破坏程度明显严重或轻微的地区称为________或________。烈度异常区往往是受________、地壳介质及________等多种因素控制的。一般规律是基岩地基上的地震烈度较________，软弱松软地基上的地震烈度较________。

(3) 抗震设防烈度——按国家规定的权限批准作为一个地区________的地震烈度。

(4) 我国抗震设防目标总概括为：“小震________，中震________大震________”。

(5) 上网查询《我国主要城市设防烈度》，查找你的家乡是________、当地的基本烈度为________，其乙类建筑物设防烈度应为________。

(6) 划分不同烈度地区的线称为等烈度线，简称等震线。正常情况下，地震烈度随震中距离的增加而________。通常等震线是________。

(7) 在十二度的烈度表，大致是________度开始有轻微损伤，故可以说________度以前为非破坏性地震，________度以上为破坏性地震，约各占一半。

(8) 一般来说，地震震级越大，烈度越________；距震中越________，震源越________、地质构造越________、建筑物越________，烈度也就越大，灾情越重。

3. 选择题

(1) 在地震灾情分析中，怎样描述各地方人对地震感受不同，建筑物破坏程度？(　　)

A. 用震级　　B. 用地震烈度

C. 用发震时间段　　D. 用本区地质构造条件

(2) 中国第三代地震烈度区划图发布施行时间是(　　)。

A. 1956年　　B. 1990年　　C. 1977年

(3) 反映某地区地震风险水平用(　　)衡量。

A. 震级　　B. 烈度　　C. 基本烈度　　D. 抗震设防烈度

(4) 反映某建筑物抵御地震破坏的能力用(　　)衡量。

A. 震级　　B. 烈度　　C. 基本烈度　　D. 抗震设防烈度

第 4 章

地震波的传播

地震发生在地下深处，地表为什么会震动？这是由于震源地方的岩石破裂时产生的弹性波在地球内部和地球表面传播的结果，就像往水中投入石子，水波会向四周扩散一样。由天然地震或通过人工激发的地震而产生的弹性振动波，在地球中由介质的质点依次向外围传播的形式，这种波称为地震波。

唐山地震发生在 1976 年 7 月 28 日凌晨 3 点多钟。地震学家陈颙院士是这样描述的："那时正好是夏天，天气出奇地闷热，让人难以入睡。我刚躺下一会儿，迷迷糊糊中就觉得床有些大幅度上下跳动，地板甚至整个楼房都发出'嘎吱'的声音。我立刻意识到'有大地震发生了'。长年从事地震工作的我被晃醒后没有立即下床，而是躺在床上开始数数，'一、二、三……'，数着数着床的晃动变小了，当数到第二十的时候，突然又来了一次晃动，比第一次更厉害，整个楼层都在忍受剧痛似地'哗啦哗啦'乱响。这短短的 20s 间隔就是纵波和横波到达的时间差，反映了观测者到震源的距离，时间差 1s，就表明约 8km 远处发生了地震，差 20s 则说明这次地震事件发生在约 160km 处。于是，我有了一个初步判断：地震不在北京，在距离北京 160km 的地方有大地震发生了。这和雷雨闪电的原理是一样的：天空两片雷雨云相遇时，发出闪电和雷声，闪电（电磁波）跑得快，雷声（空气中的声波）跑得慢，我们先看见闪光，后听见雷声，根据闪光和雷声之间的时间差，就可以计算发出闪光和雷电的云距离我们的距离。"

地震来临的时候，往往是先感到上下颠动，然后才是前后或左右晃动。这是为什么呢？因为震源同时发出两种类型的地震波。其中引起上下颠动的那种波振动比较弱，但速度比较快，引起晃动的那种波振动比较强，但速度比较慢，所以你就会感到先颠后晃，而且晃总比颠来得明显。跑在前面的叫纵波，跑在后面的叫横波，它们在传播过程中遇到各种复杂情况，还会形成其他的波。所以，地震波的组成是很复杂的。

4.1 地震波

4.1.1 地震波的组成

地震波按传播方式可分为三种类型：纵波、横波和面波，纵波是推进波，反映的是地球介质的体应变，而横波则反映地球介质的剪切应变。在地震波中，还有一类沿着地球表面传播的波，称为面波。而在地球内部传播的波则相应地称为体波，纵波和横波都是体波。

1. 纵波

我们最熟悉的波动是水波。当向池塘里扔一块石头时水面被扰乱，以石头入水处为中心有波纹向外扩展。这个波列是水波附近的水颗粒运动造成的。然而水并没有朝着水波传播的方向流；如果水面浮着一个软木塞，它将上下跳动，但并不会从原来位置移走。这个扰动由水粒的简单运动连续地传下去，从一个颗粒把运动传给更前面的颗粒。这样，水波携带的能量向池边运移并在岸边激起浪花。地震运动与此相当类似。我们感受到的摇动就是由地震波的能量引起的弹性岩石的震动。

假设一弹性体如岩石，受到打击，会产生两类弹性波从源向外传播。第一类波的物理特性恰如声波。声波乃至超声波，都是在空气里由交替的挤压（推）和扩张（拉）而传递。因为液体、气体同固体岩石一样能够被压缩，同样类型的波能在水体如海洋和湖泊及固体地球中穿过。在地震时，这种类型的波从断裂处以同等速度向所有方向外传，交替地挤压和拉张它们穿过的岩石，其颗粒在这些波传播的方向上向前和向后运动，换句话说，这些颗粒的运动是垂直于波前的，与波传播方向一致，向前和向后的位移量称为振幅。在地震学中，这种类型的波叫纵波（见图 4.1），它是首先到达的波，所以又叫 P 波（Primary wave）。

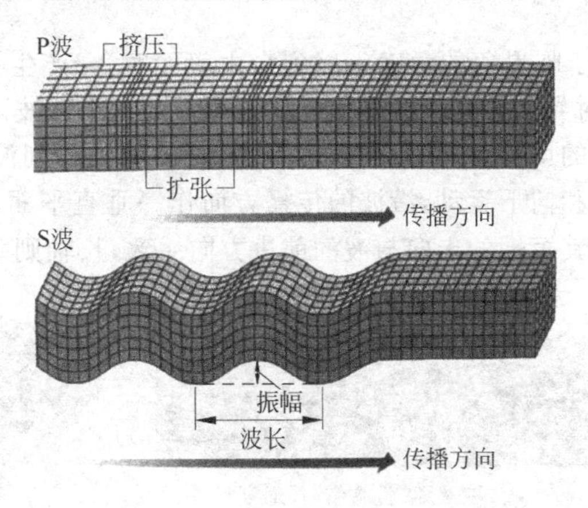

图 4.1　P 波和 S 波的传播示意图

2. 横波

弹性岩石与空气有所不同，空气可受压缩，但不能剪切变形，而弹性物质通过使物体剪切和扭动，可以允许第二类波传播。地震产生的这种第二个到达的波叫S波(Secondary wave)，即横波。在S波通过时，岩石的表现与在P波传播过程中的表现相当不同。因为S波涉及剪切而不是挤压，使岩石颗粒的运动横过运移方向(见图4.1)。这些岩石运动可在垂直面上或水平面上，它们与光波的横向运动相似。P波和S波同时存在使得地震波列具有独特性质，使之与光波或声波产生不同的物理现象。因为液体或气体内不可能发生剪切运动，所以S波不能在液态和气态介质中传播。P波和S波这种截然不同的性质可被用来探测地球深部流体带的存在。

由于声波传播时其波前面为一扩张的球面，携带的声音随着距离增加而减弱。与池塘外扩的水波相似，我们观察到水波的高度或振幅，向外也逐渐减小。波幅减小是因为初始能量传播越来越广而产生衰减，这叫几何扩散。这种类型的扩散也使通过地球岩石的地震波减弱。除非有特殊情况，否则地震波从震源向外传播得越远，它的能量就衰减得越多。S波在穿过地球时，遇到构造不连续界面会发生折射或反射，并使其振动方向发生偏振。当发生偏振的S波的岩石颗粒仅在水平面中运动时，称为SH波。当岩石颗粒在包含波传播方向的垂直平面里运动时，这种S波称为SV波。

3. 面波

当P波和S波到达地球的自由表面或位于层状地质构造的界面时，在一定条件下会产生其他类型的地震波。这些波沿地球表面传播，岩石振动振幅随深度增加而逐渐减小至零，其能量主要分布在弹性分界面附近，因此统称为面波(Surface wave)；这种波类似在北京天坛回音壁的墙面上捕获的声波——只有耳朵靠近墙面时才能听到从对面墙上传来的低语。

事实上，面波是许多反射波相互干涉形成的波，主要包括瑞利波和勒夫波，分别以它们的发现人英国学者瑞利和勒夫的名字命名。由于瑞利波和勒夫波的产生方式不同，所以它们的性质也有所不同。

当平面SV波以大于临界角的角度入射到自由表面时，会产生沿自由表面前进的不均匀反射波(即波射线入射界面后产生的多个反射波所形成的干涉波)。这种不均匀波的振幅随着离开自由表面距离的增加，按指数规律衰减，这种波就是瑞利波。理论上可以证明，岩石质点向前、向上、向后和向下运动，沿波的传播方向作一垂直平面，质点在该平面内运动，描绘出一个逆进椭圆。其短轴的走向与波的前进方向一致，长轴则垂直于地面(见图4.2)，

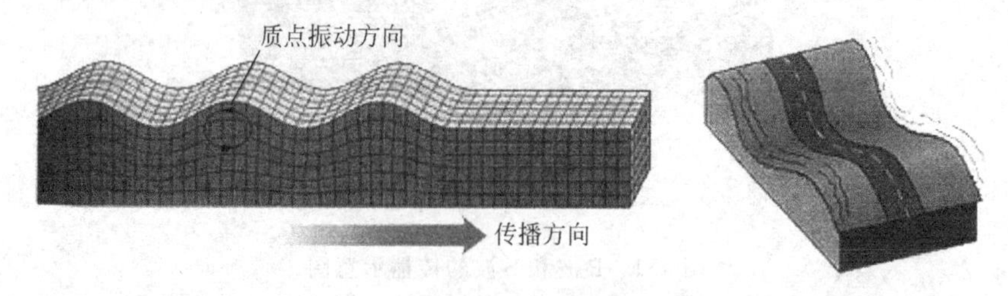

图4.2　瑞利波传播时质点运动轨迹示意图

因此,瑞利波在水平、垂直分向均有能量分配。另外,从理论上可证明,瑞利波的波速略小于同一层介质中横波速度。其基本特性有以下三点:(1)地层瑞利波相速度与横波速度相近。可以利用瑞利波的波速来求取横波波速,进而计算岩土层的各种力学参数;(2)振幅随深度按指数衰减,影响深度约为一个波长,其能量主要集中在半个波长范围内,故某个波长相速度基本上等于半个波长内各地层的横波相速度加权平均值;(3)瑞利波在不均匀的介质中传播时发生频散现象,这一特性是提取瑞利波信号的先决条件。而体波在传播过程中是以极化群形式出现,不发生频散现象。

同理,若均匀弹性半空间上覆盖一低速弹性薄层,且SH波以大于临界角的角度入射到该层,便会产生勒夫波。勒夫波又称Q波,是一种通过切变波在表层内的多次内反射而传播的表面波。即在半无限介质上出现低速层的情况下,一种垂直于传播方向的在水平面内振动的波,其传播速度随波的周期而异,此现象叫做"波的频散",简称波散。勒夫波的波散可以用来计算表层的厚度,用来研究地壳分层情况。勒夫波的质点振动方向与地表平行且垂直于波的传播方向,地面上质点运动幅度最大,越往地下深处质点的运动幅度越小,见图4.3。勒夫波是地震面波中最简单的一种类型,它们使岩石颗粒运动类似SH波,没有垂直方向的位移。岩石颗粒在垂直于传播方向的水平面内从一边到另一边运动。虽然勒夫波不包含垂直地面方向的波,但在地震中可以最具破坏性,因为它们常具有很大的振幅,能在建筑物地基之下造成水平方向剪切。

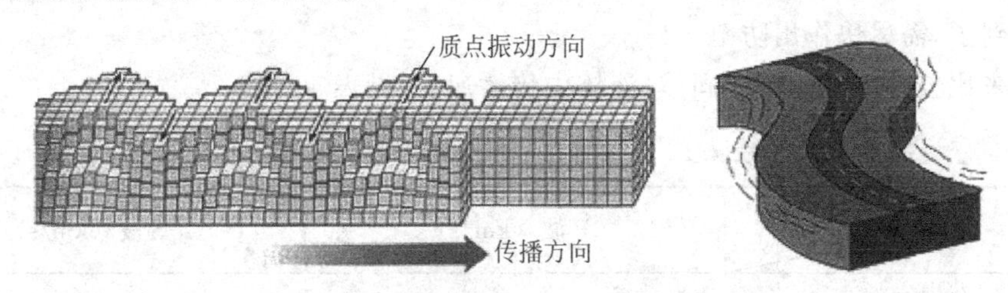

图4.3　勒夫波转播时质点运动轨迹示意图

4.1.2　P波和S波的速度

在地震波传播过程中,P波总是首先从震源到来,随之而至的是沿同一路径传播破坏性极强的S波。在历次地震中,都有人利用P波和S波到达的时间差成功逃生。而这个时间差正是由于这两种波传播速度不同所造成的。

P波和S波的实际传播速度取决于岩石的密度和内在的弹性性质。对线弹性物质而言,当波与运行方向无关时,波速仅取决于弹性模量,即岩石的体积模量K和剪切模量μ。

第一种变形类型是,当向岩石立方块表面施加均匀压力时,其体积将减小,其单位体积的体积变化作为所需压力大小的度量,称为体积模量。当P波穿过地球内部传播时发生的就是这种类型的变形,因为它只引起体积变化,所以与在固体中一样,在流体中也可以发生。通常体积模量越大,P波的速度就越大。

第二种变形类型是，当向岩石立方块体两相对的面上施加方向相反的切向力时，该体积方块将受剪切而变形，而没有体积变化。同样，圆柱状岩心两头受大小相等方向相反的力扭曲时也发生这种变形。岩石对剪切或扭曲应力的抵抗越大，其刚性就越大。S 波通过剪切岩石而传播，剪切模量给出其速度的量度。通常是剪切模量越大，S 波速度就越大。

P 波速度 V_P 和 S 波速度 V_S 的表达式为

$$V_P = \sqrt{\frac{K + 4\mu/3}{\rho}} \tag{4.1}$$

$$V_S = \sqrt{\frac{\mu}{\rho}} \tag{4.2}$$

其中 $K = P/(\Delta V/V)$ 表示体积模量，这里 P 为压力，$\Delta V/V$ 为体积变量；μ 是剪切模量，它等于切应力与切应变的比值，用以表征材料抵抗切应变的能力；ρ 为介质密度，弹性模量大则表示材料的刚性强。

从公式(4.1)和公式(4.2)中可以看出，P 波和 S 波的速度取决于三个参数，分别是体积模量 K，剪切模量 μ 和介质密度 ρ，式中的各个参数均大于等于零，分析公式可以得出在相同的条件下，P 波速度大于 S 波速度。所以地震时，纵波总是先到达地表，而横波总是落后一步。这样，发生较大的近震时，一般人们先感到上下颠簸，过数秒到十几秒后才感到有很强的水平晃动。这一点非常重要，因为纵波给我们一个警告，告诉我们造成建筑物破坏的横波马上要到了，需尽快作出防范。

我们来比较一下地震波在固体，液体中传播速度，见表 4.1。

表 4.1 地震波在不同介质中传播的速度

速度 介质	P 波/(km/s)	S 波/(km/s)
花岗岩	3.2	1.4
水	0.76	0

因为地球内部的强大压力，岩石的密度随深度增大而增大。由于密度在 P 波和 S 波速度公式中的分母项上，因此从表面来看，波速度应随其在地球内部的深度增加而减小。然而实际上体积模量和剪切模量同样随深度增加而增加，而且比岩石密度增加得更快(但当岩石熔融时，其剪切模量下降至 0)。这样，在地球内部，P 波和 S 波速度一般是随深度的增加而增加的。

虽然某一给定岩石的弹性模量是常数，但在一些地质环境里岩石不同方向上的性质可以有显著变化，这种情况叫各向异性。这时 P 波和 S 波向不同方位传播时具有不同速度。通过这种各向异性性质的探测，可以提供有关地球内部地质状况的信息，这是当今广泛研究的问题之一。但以下的讨论将限制在各向同性的情况下，绝大多数地震运动属于这种情况。

人们可以利用人工地震勘探方法，测定某地区的 P 波和 S 波波速。例如，根据已有的研究成果，我国青藏高原东北缘地壳平均P波波速为6.43km/s。

4.2 地震波的传播

4.2.1 地震波在分界面上的传播

同声、光或水波一样，地震波在传播过程中，当遇到边界面时会发生反射或折射，但和其他波不同的特点是：当地震波入射到地球内的某一反射面时，例如当P波以某一角度射向边界面时，它不但会产生反射P波和折射P波，还会产生反射S波和折射S波。这是因为在入射点边界上的岩石不仅受挤压作用，还会受剪切作用，即入射P波会产生4种转换波(图4.4)。由一种波型到另一种波型的波型增殖也发生于SV波斜入射于内部边界，在这种情况下反射和折射的S波总是SV型，这是因为当入射的SV波到达时，岩石质点在与地面垂直的入射面里横向运动。相反，如果入射的S波是水平偏振的SH型，则质点在垂直于入射平面且平行于边界面的方向上前后运动，在不连续界面上没有挤压或铅垂方向的变形，这样不会产生相应的新的P波和SV波，只有SH型的一个反射波和折射波。从物理图像上形象分析，垂直入射的P波在反射界面上没有剪切分量，只有反射的P波，根本没有反射的SV波或SH波。以上讨论的波型转换的种种限制，在全面理解地面运动的复杂性和解释地震图中的地震波各种图像时是至关重要的。

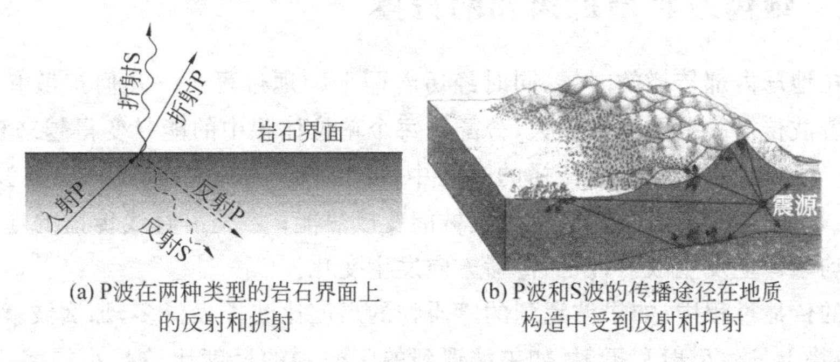

(a) P波在两种类型的岩石界面上的反射和折射

(b) P波和S波的传播途径在地质构造中受到反射和折射

图4.4 地震波传播示意图

在讨论许多特殊的地震效应时，都能用波的反射和折射完善地加以解释。例如，考虑S波从深部震源垂直向上传播到地面，由于在地表入射和反射的波列叠加到一起，因此近地表处波的振幅将加倍，能量则变为4倍。这个估算与许多矿工的经验是一致的，1976年唐山地震时，在井下工作的煤矿工人仅感到中等摇动，仅是由于断电他们才知道发生了问题。但当他们上到地表时，才惊恐地发现整个城市已变为废墟。

若建筑物建在较厚的土壤上，诸如建在沿河流冲积河谷中的沉积物上时，地震时易于遭受严重破坏，其原因也是波的放大和增强作用。当我们振动连在一起的两个弹簧时，弱的弹簧将具有较大的振动幅度。类似地，当S波从地下深处传上来时，穿过刚性较大的深部岩石到刚性较小的冲积物时，冲积河谷刚性小的软弱岩石和土壤将使振幅增强4倍或更大，这种放大作用还取决于波的频率和冲积层的厚度。1989年美国加利福尼亚州的洛马普瑞特地震，使得建在砂上和充填物上的旧金山滨海区的房屋比附近不远处建在坚固地基上相似的房屋破坏更大(见图4.5)。

图4.5 1989年洛马普瑞特地震后旧金山滨海区建在人工填埋地基上的一套公寓建筑倒塌的景象

4.2.2 地震波在地球内部的传播

地震波在地球内部传播的时候，同时经历着两个物理过程——几何扩散和衰减。几何扩散就是随着波传播的范围越来越大，分配到每个单位体积中的能量变得越来越小，但总能量是守恒的；衰减就是在地震波传播的过程中，要"损耗"掉一些能量。地震波衰减(能量"损耗")主要是通过两种方式进行，一是机械能变成热能；二是沿直线传播的地震波在地球内部小的非均匀体上发生散射，从而传播方向发生变化。

地震波的传播过程中，如果波遇到的障碍物的尺度比波长大得多，那么波就沿着射线传播，并在障碍物上发生反射和折射，如果波遇到的障碍物的尺度比波长小得多，那么障碍物对波本身来说可以忽略不计；而如果波遇到的障碍物的尺度和波长相差不多，那么波就在这个障碍物上发生散射。多大的障碍物就散射多大波长的地震波。

从地震的震源激发的地震波向四面八方传播，人们可以根据那些传播到地表的某些地震台站后，被地震仪记录下来的地震记录，推断地震波的传播路径、速度变化以及地下介质的特点，从而了解地球的内部构造。

图4.6是当地震发生时，地震波在地球内部传播的一个示意图。当地震产生的P波传播时，在遇到地表面反射后就产生了PP波，同理S波在遇到地表面后产生的反射波，我们就将其称之为SS波。PcP波表示的是在核幔边界上反射的P波，PKP波是能够穿透液态

外核的P波,内核的任何P型波段均标以I。例如PKIKP,它代表一P波通过地幔、外核、内核,再经过外核、地幔到达地表。外核是液态的,不能传播S波。所以没有与K相应的S波。穿过内核的S波用J表示,确认这种S波,可以证明内核是固态的。但是要注意,它们需要从外核的P波变为S波,然后再变成P波才能通过液态的外核回到地面。

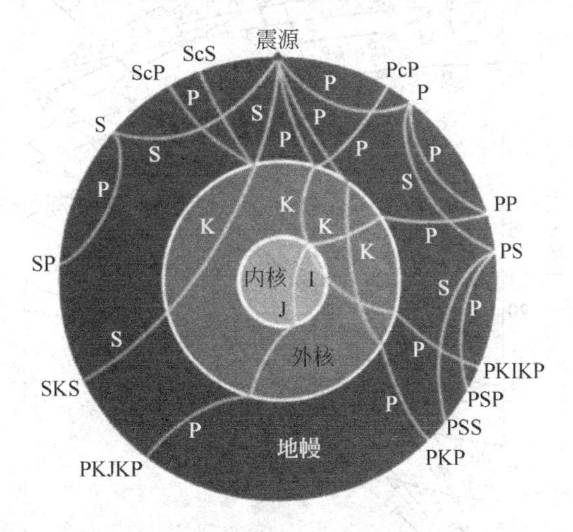

图 4.6　通过地球内部的典型地震波射线

4.2.3　地震走时

地震波从震源到达观测点所需的时间称为走时,地震波在不同震中距上传播的时间表称为地震波走时表。震中距越大,所需的走时越长。在走时表中,按照不同的震源深度和震中距的顺序,给出了各种地震波(震相)的走时数据,其中走时以分、秒为单位;震中距以千米或球面大圆弧的度数为单位,震源深度以千米或剥壳地球半径$R=6371-33$(km)的百分之一为单位。再用走时表中给出的数据绘出相对应的坐标曲线图称为走时曲线(在地震勘探中通常称时距曲线,见图4.7)。

走时表中载入的各种震相的走时,是根据地震图(即地震波形的记录)中各种震相的到时来编制的。为了准确地编制走时表,需要汇集大量的地震图,并对各种震相作出正确的识别和鉴定。在走时表编成之后,它就成为分析地震图、识别不同震相的主要依据。

为了获得足够的地震图,可以利用天然地震,也可以利用人工爆炸。一次地震发生后,根据放在不同地点的地震仪记录到的某种地震波的到时和粗略估计出的震源位置和发震时间,画出初步的走时曲线。用这一曲线更精确地测定震源位置和发震时刻,从而画出更精确的走时曲线。如此反复迭代,最后得到的一个稳定结果,就是地震波的走时曲线。根据这样的曲线计算出对应于不同震中距的走时表。

最早的走时表是19世纪末由英国地震学家奥尔德姆作出的,它包括纵波P、横波S及面波L的走时表,当时只给到走时值的零点几分,精度很低。20世纪30年代,各国学者相

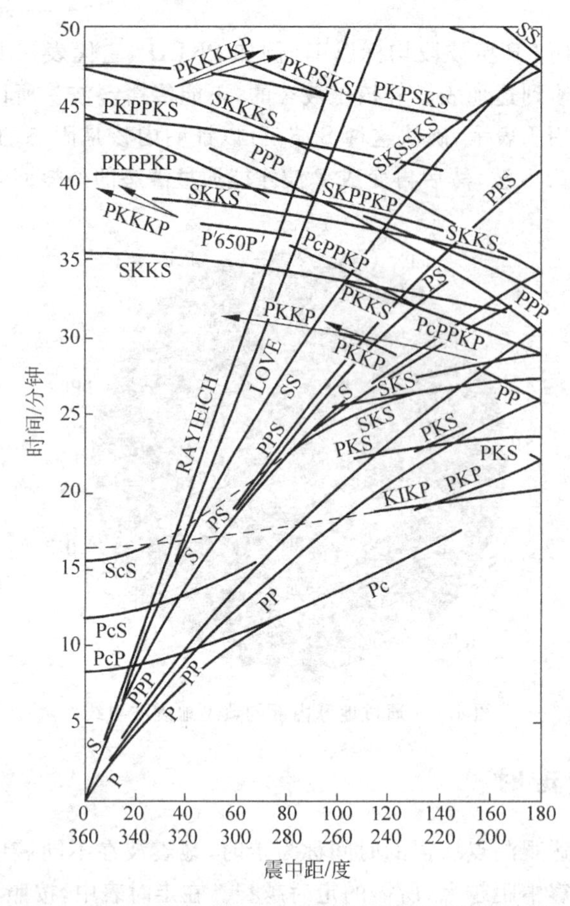

图 4.7　杰弗里斯爵士及布伦绘制的著名的走时曲线

继编制较为精确的走时表，其中以 1939 年杰弗里斯和布伦合编的走时表（简称 J-B 表）和古登堡的走时表最为完整（见图 4.7），它们基本上是相同的。表中包括了地球上可能出现的绝大多数地震波的走时。J-B 表在当时也最为精确，因为它利用了当时国际上较多的地震观测资料，又采用了严格的数学方法做了大量的统计计算。J-B 表所采用的全球平均地壳模型为：上层花岗岩层厚 15km，纵波和横波的速度分别为 5.57km/s 和 3.36km/s；下层玄武岩层厚 18km，纵波和横波速度分别为 6.50km/s 和 3.74km/s；地壳总厚度为 33km；地幔顶部的纵波和横波速度分别为 7.76km/s 和 4.36km/s。J-B 表作为标准的工具为过去的国际地震资料汇编（ISS）和现在的国际地震学中心（ISC）通报所采用。

第二次世界大战后，地震观测的精度有了很大提高，电子计算机技术的发展使编制走时表的工作效率大为提高。为此，美国于 1968 年重新编制了全球平均的 P 波走时表。但 J-B 表在国际地震机构和许多国家（包括中国）仍然是查对地震波走时的主要依据。作为全球平均的走时表，J-B 表不能反映各地区的特殊性，包括地壳和上地幔构造的不均匀性。为此，许多国家（包括中国）都还编制了能够反映本地区特点的地区性走时表。

4.3　地震波的序列

由于不同类型地震波的传播速度不同，它们到达时间也就不同，从而形成一组序列，正像从同一出发点(震源)的马拉松比赛运动员(各种地震波)到达终点站(地震观测点)先后顺序不同，它解释了地震时地面开始摇晃后我们经历的感觉。地震记录仪器则可以让我们看到实际的地面运动状态，如图 4.8 所示。

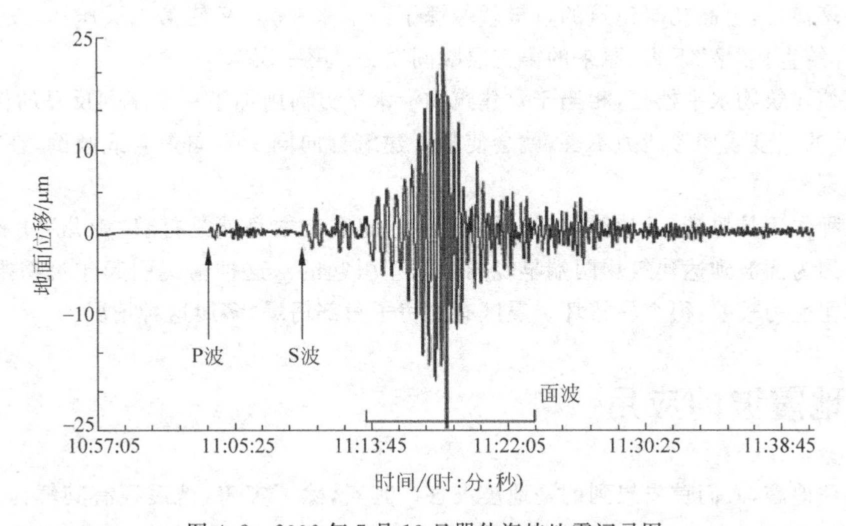

图 4.8　2006 年 7 月 19 日巽他海峡地震记录图

从震源到达某地的第一波是“推和拉”的 P 波，它们一般以一定的角度出射地面，因此造成铅垂方向的地面运动，垂直摇动一般比水平方向的摇动容易经受住，因此，它们一般不是最具破坏性的波。因为 S 波的传播速度比 P 波传播速度小，相对而言 S 波稍晚才到达，S 波比 P 波持续时间长些，S 波包括 SV 和 SH 波：前者在垂直平面上震动，后者在水平平面上震动。地震主要通过 P 波的作用使建筑物上下摇动，通过 S 波的作用使建筑物侧向晃动。

正好是在 S 波之后或与 S 波同时，勒夫波开始到达。地面开始垂直于波动传播方向横向摇动。尽管目击者往往声称根据摇动方向可以判定震源方向，但勒夫波使得凭地面摇动的感觉判断震源方向发生困难。下一个是横过地球表面传播的瑞利波，它使地面在纵向和垂直方向都产生摇动。这些波可能持续许多旋回，引起大地震时的“摇滚运动”。因为它们随着距离衰减的速率比 P 波或 S 波慢，在距震源距离大时感知的或长时间记录下来的主要是面波。勒夫波和瑞利波比 P 波和 S 波持续的时间长 5 倍多。

类似于音乐乐曲最后一节，面波波列之后构成地震记录的重要部分，称之为地震尾波。地震波的尾波事实上包含着沿散射的路径穿过复杂岩石构造的 P 波、S 波、勒夫波和瑞利波的叠加。尾波中继续的波动旋回对于建筑物的破坏可能起到落井下石的作用，促使已被早期到达的较强 S 波削弱的建筑物倒塌,从而加强了建筑物的破坏程度。

建筑物受地震破坏的方式主要受地震波的传播方式影响。简单地说,对建筑物的破坏有三种方式:上下颠簸、水平摇摆、左右扭转。多数时候,还是三种方式的复合作用。地震波传播方式有纵波、横波、面波,由于地球表层岩性的复杂性,传播过程中也会出现像激流中的"漩涡"一样复杂的情况。

纵波使建筑物上下颠簸,力量非常大,建筑物来不及跟着运动,使底层柱子和墙突然增加很大的动荷载,叠加建筑物上部的自重压力,若超出底层柱、墙的承载能力,柱、墙就会垮掉。底层垮掉后,上面几层建筑的重量就像锤子砸下来一样,又使第二层压坏,发生连续倒塌,整个建筑直接"坐"下来,原来的第三层瞬间变为"第一层"。

面波使建筑物水平摇摆,相当于对建筑物沿水平方向施加了一个来回反复的作用力,若底部柱、墙的强度或变形能力不够,就会使整栋建筑物向同一方向歪斜或倾倒,在震区常常看到这种现象。

第三种作用是扭转。引起扭转的原因是有的地震波本身就是打着"旋儿"过来的,也有的情况是因为面波到达建筑物两端早晚的时间差引起的。这种情况引起建筑物扭动,建筑物一般抗扭能力较差,很容易扭坏。震区有的房子角部坍塌,多属这种情况。

4.4 地震波的应用

一谈到地震,人们首先想到的是地震灾害。其实,除了灾害,地震还有其鲜为人知的另一面。地震波不仅可以摧毁房屋、造成灾难,还可以提供地球内部信息、造福人类。

4.4.1 地震波是打开地心之门的金钥匙

我们能够用钻探了解地球内部,可现在最先进的钻探也只能穿透 10km,如果把地球比作一个苹果的话,那么就连表皮也没穿透。后来,科学家们终于知道了打开地心之门的钥匙——地震波。20 世纪初,南斯拉夫地震学家莫霍洛维奇忽然醒悟:原来地震波就是我们探测地球内部的"超声波探测器"!地震波就是地震时发出的波动,它有横波和纵波两种,横波只能穿过固体物质,纵波却能在固体、液体和气体任一种物质中自由通行。通过的物质密度大,地震波的传播速度就快,物质疏松,传播速度就慢。莫霍洛维奇发现,在地下 33km 的地方,地震波 P 波的传播速度猛然加快,由 6.0km/s 变为 8.2km/s,横波速度则从 4.2km/s 增加到 4.4km/s 左右,这表明这里的物质密度很大,物质成分也与地球表面不同。后来地球内部这个深度物质分界面就被称为"莫霍面",见图 4.9。

1914 年古登堡发现,在地下约 2900km 的地方,纵波速度突然减慢,其上部为 13.6km/s,而在其下部为 7.8~8.0km/s,而横波速度从 7.23km/s 到突然消失。这说明,这里的物质密度变小了,固体物质也没有了,只剩下了液体和气体。这个深度,就被称为"古登堡面",地

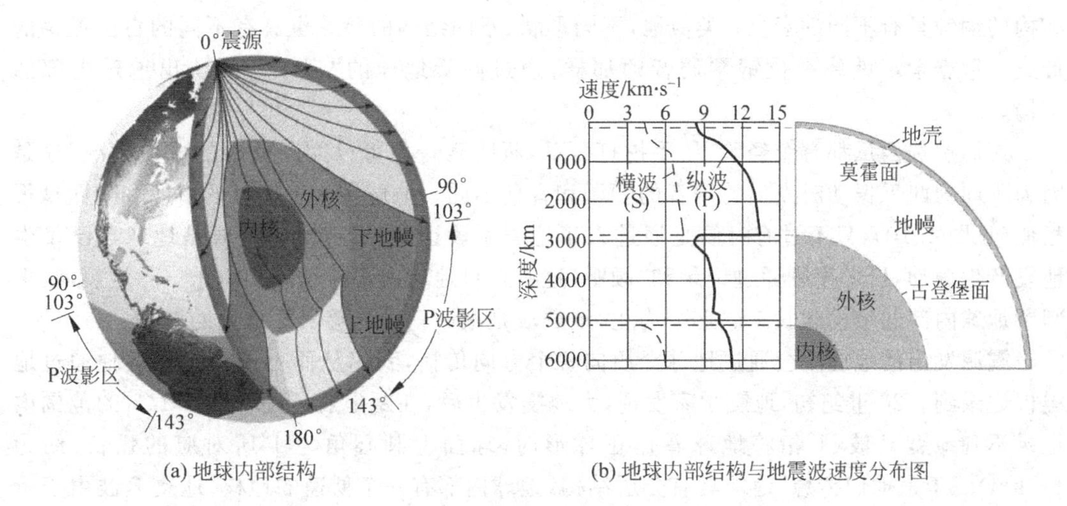

(a) 地球内部结构　　(b) 地球内部结构与地震波速度分布图

图 4.9　地震波传播与速度分布图

下 2885km 深度到地心被称作地核。

地球的结构之谜终于搞清楚了：地球从外到里，被莫霍面和古登堡面分成三层，分别是地壳、地幔和地核。地壳主要是硅铝岩和硅镁岩；地幔主要是含有镁、铁和硅的橄榄岩；地核，也就是真正的地球之心，主要是铁和镍，那里的温度超过 2001℃。

4.4.2　地震波是一盏照亮地球内部的明灯

研究地球内部，必须找到一种波。它能穿透到地球内部，并能把地球内部的信息带回地面。人类目前无法利用电磁波探测地球深部，因为地球介质电导率比大气高很多，进入地球内部的电磁波很快就衰减掉了。即使是现有的探地电磁雷达，探测的范围也只有几米和几十米，这样的深度对于巨大的地球来说，微不足道。只有地震波的传播在地球内部的衰减非常小，特别是在地球深部，几乎不发生地震波弹性能量向其他形式能量的转换。所以，地震是一盏照亮地球内部的明灯。迄今为止，关于地球深部的结构、组成、过程和状态等知识几乎全部来自天然地震所产生的地震波的信息。天然地震产生的地震波信号能量强，是研究整个地球内部的有力工具。2004 年印度尼西亚苏门答腊近海的 9.0 级地震产生的地震波就传播到了地球内部的每一个角落，“照亮”了整个地球内部，增加了人们对地球深部的新认识。

体波之所以对地球内部结构比较敏感，是因为在地球内部的不同部分，地震波传播速度不同，在不同部分的分界面上发生的反射、折射和波型转换，这既影响体波的“行走时间”，又影响体波的振幅和形状。

把面波的波长延伸到整个地球的尺度，我们还有一个专用的名词——地球自由振荡。这时，地球好像是一口铜钟被大地震重重地敲击一下，余音缭绕，经久不绝。不同形状、不同结构的铜钟具有不同的音色；类似地，不同形状、不同结构的星球也具有不同的自由振荡的形式。地震学家就像一位钢琴调音师那样，通过倾听地球的“音乐”，辨认出地球内部的结构。

人们挑选西瓜都有个经验，用手拍打西瓜，听听声音便可以判断西瓜的成熟情况，这是因为不同的西瓜振动时发出的声音的音调和音色不同。地球物理工作者的事业和拍西瓜很相似(见图 4.10)，只不过有时候是通过人工地震手段让地球振动，有时候是地球自己发生地震产生振动，科学家则通过记录和“倾听”这些来自地球内部振动的交响乐——地震波，来判断地球内部的结构和状态。迄今为止，地震波是唯一一种能够贯穿地球的波动。

震源发出的地震波会通过地球介质向各个方向传播，我们从而可以在世界各地通过地震仪记录到。20 世纪初，地震学家发现，大地震发生后，在距地震震中 103°～143°的范围内记录不到地震 P 波(1°指将地球看作正球形时，球面上圆心角为 1°所对应的弧长，约为 111km)。于是他们猜想，地球具有分层结构，地球内部有一个低速的地核，地震 P 波由于折射，到达不了 103°～143°的范围，见图 4.9(a)。

1936 年丹麦地震学家英格·莱曼(Inge Lehmann)通过研究记录太平洋地震的地震图时，发现了横波，由此认为在液态的地核中还有一个固态的地球内核，见图 4.11，图中标 Pc 的虚线相当于绕射到液态地核影区的 P 波。

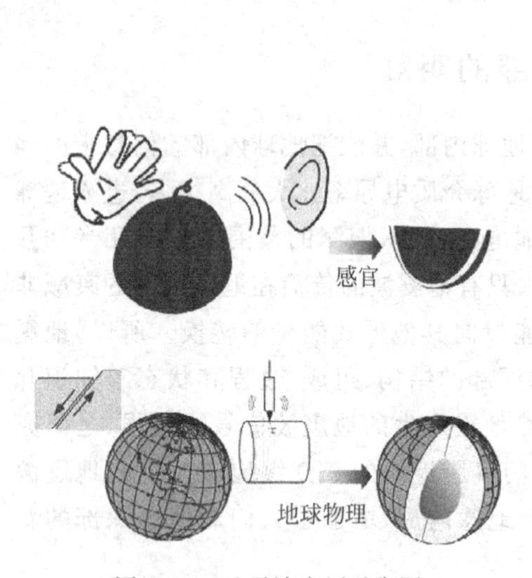

图 4.10 地震波应用示意图

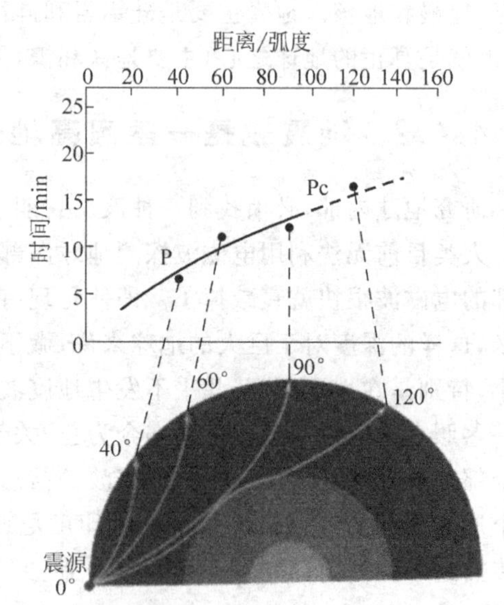

图 4.11 从穿过地幔的 P 波走时作出的走时曲线

现在我们已经知道地球可以分为地壳、地幔和地核，地核又包括一个液态的外核和一个固态的内核。图 4.9(b)中给出了各层的地震波速度。对地球内部的认识，都来源于天然地震资料和数据。

1996 年中国旅美学者宋晓东通过研究穿过地核的地震波，推断出内核旋转速度要比外核快,这个发现进一步加深了人类对地球的认识。

4.4.3　地震波的其他应用

利用地震波的另外一个重要方面是地震勘探。地震勘探的历史可以追溯到19世纪中叶。早在1845年马利特就曾用人工激发的地震波来测量地壳中弹性波的传播速度,而在第一次世界大战期间,交战双方都曾利用重炮后坐力产生的地震波来确定对方的炮位,这些可以说是地震勘探的萌芽。由于地震勘探具有其他地球物理勘探方法所无法达到的精度和分辨率的优势,所以在石油和其他矿产资源的勘探中,用地震波进行勘探是最主要和最有效的方法之一。各种矿产资源在地下地质构造上都会具有某种特征,如石油、天然气只有在一定封闭的构造中才能形成和保存。地震波在穿过这些构造时会产生反射和折射,通过分析地表上接收到的反射波和折射波等信号,就可以对地下岩层的结构、深度、形态等作出推断,从而可以为以后的钻探工作提供准确的定位。

利用地震还可以为国防建设服务。全球有很多国家正式签署了全面禁止核试验条约(CTBT)。所面临的一个共同问题是,如何有效地监测全球地下核爆炸。而这正是地震学的用武之地,地下核爆炸和天然地震一样也会产生地震波,会在各地地震台的记录上留下痕迹。而地下核爆炸和天然地震的记录波形是有一定差异的,因此根据其波形不仅可以将它与天然地震区分开来,而且可以给出其发生时刻、位置、当量等。

1974年在莫斯科签署了有限禁止核试验条约。这个协议禁止15万吨当量以上的地下核试验。地震学家准备出台最后一个核试验条约,它将严格限制或禁止任何国家的所有类型的核武器试验。要实现这一条约,必须保证所有地震,甚至相当小的震级,都能被记录到,非签约国也不例外。有了这个限制,将可以监测到3.5级的地震事件,相当于1000吨当量,比第一个投在广岛的原子弹小很多,这样的限制,意味着每年要细查全世界5000多个天然地震,清查排除秘密的地下核武器试验。

2001年1月,俄罗斯的库尔斯克号潜艇沉入巴伦支海时,正是地震学家利用地震波使得这场灾难起因的争论最终得以结束。因为波罗的海地震台记录到了库尔斯克号上爆炸产生的可说明问题的震动。这一证据表明,这场悲剧是当潜艇在水面上时艇上的一枚鱼雷意外爆炸引起的,随即在深部也发生了几枚鱼雷爆炸。而俄罗斯当局早先将这一事件归罪于一艘不明身份外国潜艇的碰撞。

其实,地震学的应用还远不止以上这些。例如,目前用地震的方法预测火山喷发取得了很大的进步;对水库诱发地震的研究可以为大型水库提供安全保障,例如我国的三峡工程,库区地震灾害的研究就是工程可行性论证的重要内容之一;对矿山地震的监测是保护矿山安全的重要手段之一;地震学还可用于对行星的探测,通过对行星自由振荡的研究可以揭示行星内部大尺度结构。因此,地震学随着应用领域的扩展,不断获得活力,成为正在迅速发展的前沿学科之一。

小贴士

波动可用一些特定的参量来描述。考察图 4.12 中以实线画出的正弦波，它表示时刻 t 位于 x 处的质点波动位移为 y。假设波的最大幅度为 A，波长 λ 是两个相邻波峰之间的距离。

一个完整的波(从一个波峰到下一个波峰)走过一个波长的时间称为周期 T。这样，波速 v 是波长除以周期，即

$$v=\frac{\lambda}{T}$$

波的频率 f 是每秒钟走过的完整波的数目，所以

$$f=\frac{1}{T}$$

一个波的确切位置取决于它相对于波起始的时间和起始点的距离，图中细线描绘的波是第一个波向前面移动一个短距离，称之为由于这一移动而出现了相移。任何一种震动都可以看作多种简谐运动的合作，叠加为复杂曲线，见图 4.13。

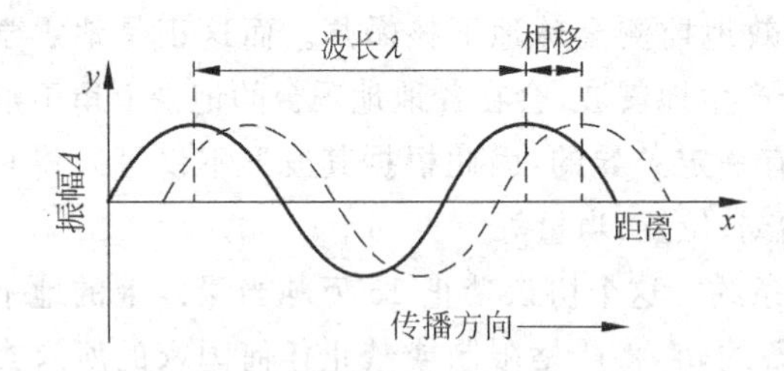

图 4.12　两个正弦之间的相位位移

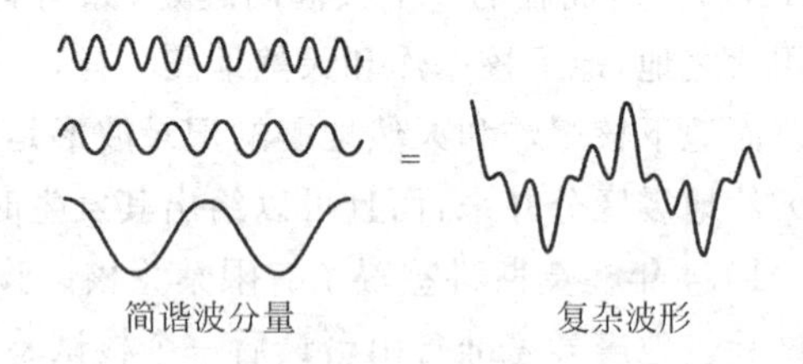

图 4.13　3 个简单波形及其叠加产生的复杂波形

习题 4

1. 填空题

(1) P 波和 S 波的实际传播速度取决于岩石的________和内在的________。

(2) 纵波是质点振动方向和波传播方向________的波；横波是质点振动方向和波传播方向________的波。

(3) 理论上可以证明，瑞利波的质点运动轨迹为入射面内的________。从能量来说，主要分布在弹性分界面附近。

2. 选择题

(1) 地震波属于(　　)。

A. 超声波　　B. 次声波　　C. 弹性波　　D. 电磁波

(2) 一般情况下造成建筑物破坏的波是(　　)。

A. P 波　　B. S 波　　C. 面波　　D. 尾波

(3) 在某观测点地震波到达的顺序为(　　)。

A. P-S-L-R-尾波　　B. P-L-S-R-尾波　　C. P-R-S-L-尾波

3. 简答题

(1) 地震波分几大类?分别是什么?各有什么特点?

(2) 地震波传播速度由什么决定的?

(3) P波和S波在地球内传播的速度是怎样变化的?

(4) 说说地震波的应用有哪些。

(5) 为什么说地震波是照亮地下的一盏明灯?

(6) 地震时,从震源同时传出横波和纵波,假设某地地震的横波和纵波的传播速度分别为3000m/s和5500m/s。某观测站接受到两种地震波的时间差为50s,则先传到观测站的地震波是哪一种波,震中距观测站的距离大约是多少?

(7) 为什么建在较厚土壤上的,诸如在沿河流冲积河谷中的沉积物上的建筑物,地震时易于遭受严重破坏?

(8) 在唐山地震时,井下工人感受到的地震震动和在地面上的人感受一样吗?为什么?

第 5 章

地震参数及地震序列

在地震发生后，公众最关心地震造成的破坏情况，同时也对地震发生的具体时间和地理位置等信息十分关注。新闻媒体在第一时间报道的地震信息是地震发生的具体时间、地理位置和地震大小；地震监测部门和研究机构在第一时间给出的地震信息也是地震的基本参数。中国地震台网中心(CENC)或其他国内外地震相关机构的网页上都会给出最新地震的相关信息。下面以 2012 年 8 月 26 日天津市宝坻地震为例，来看中国地震台网中心地震数据管理与服务系统[①]给出的具体信息。在其快速数据栏中可以看到："2012/08/26 07:13:35.1　39.6　117.4　7 Ms3.3　天津市宝坻区"，这是此次地震的一个基本信息，即此次地震发生于 2012 年 8 月 26 日 7 时 13 分 35.1 秒，震中经纬度分别为 117.4°和 39.6°，震源深度为 7km，面波震级为 3.3 级，其地理位置为天津市宝坻区。点击这条信息后就会进入介绍此次地震详细情况的页面，如此次地震在世界地图上的位置图、地震在 10°×10°区域中的位置图(见图 5.1)、该地震所在区域的历史地震情况图件信息等。人们可以从中国地震台网中心地震数据管理与服务系统的网站上获得最新和已发生地震的信息，若还想知道具体某个时间段和空间范围内地震的发生情况，那么就必须要了解以下一些关于地震的常见名词，如发震时间、经度、纬度、深度、震级等，这些描述地震名词称为地震参数。地震参数和一个人的特征信息(姓名、年龄、身高、体重等)一样，它描述了某个特定地震的某方面信息。

微观地震研究，其目的主要在于了解地震及其活动性。早期在地震发生后，人们被其惊人的破坏力和强烈震动所吸引，赴现场调查，从地震现场表现出的宏观现象(见图 5.2)，分析了解地震的发生时刻、地点和强度等具体情况，以确定地震参数。单靠人的感官感觉所及

① http://www.csndmc.ac.cn/newweb/index,jsp

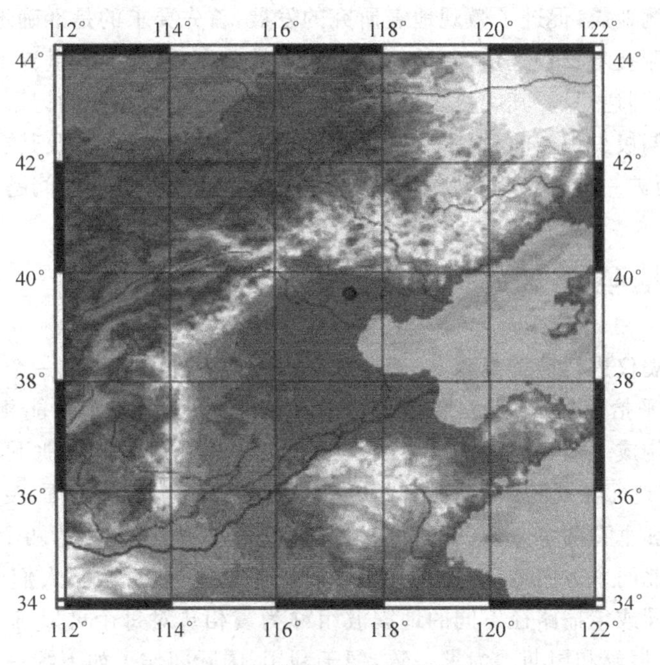

图 5.1　天津宝坻地震震中位置图

的范围是有限的，知道的情况也不精确，特别是当地震发生在人迹不能到达的地区时，就无法获得其参数。自从有了地震仪器，就可以对地震激起的弹性波动用仪器进行记录和观测，其结果已不再受人所及范围的限制，又能更好地测定地震参数。人们处理地震仪器记录时，利用各种震相的运动学特征和动力学特征，并结合其走时，创造了许多测定参数的方法，测得的数据称为微观地震参数，与用宏观方法测定的结果相比，更为细致、准确。一般以发震时刻、震中地理位置的经度和纬度、震源深度以及地震大小(震级)这 5 项作为地震基本参数。

图 5.2　唐山地震遗址

使用仪器观测地震，促进了微观地震研究的发展，首先要求的是准确地测定地震基本参数。随着仪器观测技术日益进步，各地地震观测点的分布日趋密集，世界上任何角落发生的地震，不论人能否到达，只要其震级足够大，都可以根据各地观测到的记录，求得其参数。于是人们可以在遗漏极少地震的条件下，研究和比较各地的地震事件，及其在时间上和空间上的分布情况，从而进一步研究地震发生条件等有关地震活动性方面的问题。

5.1 地震基本参数

人们使用地震仪进行地震观测，一般分作三个方向分别记录。在一个观测台上，常常是将两个同样的水平拾震器，分别安装在东西向和南北向，另外一个性能相似的垂直向拾震器，安置在侧边，构成一个完整的拾震系统。图 5.3(a)表示地震波自地下从震源出发，传到观测点 S，射线与地面在观测点下形成出射角 e，经过折射，出射到地面，变为视出射角$\overline{e}$，将地震波分为水平和垂直两个分量。垂直向地震仪拾得垂直方向地动，两个水平向仪器则分别拾取东西与南北两个方向地动(见图 5.3(b))。在地震记录图上，人们分析震相(地震图上显示的性质不同或传播路径不同的地震波组称为震相)，对每个可以确定的震相，都要标明其初动的到时、振幅和周期。为求一致，便于利用，国际间作了如下统一规定。

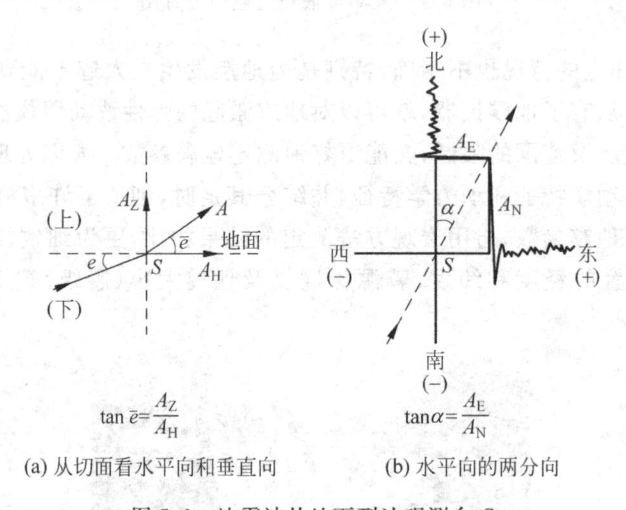

(a) 从切面看水平向和垂直向　　(b) 水平向的两分向

图 5.3　地震波从地下到达观测台 S

t 震相到时，例如 t_P 是 P 波初动的到时，t_S 是 S 波初动的到时等，一般计算至秒。

A 震相振幅，一般化成地动位移，以千分之一毫米(μm)计算。因为它是矢量，有方向性，需附脚标加以说明。各方向的脚标分别为：垂直向(Z)，分为向上(c 或 u)，向下(d)；水平向(H)，分为向东(E)，向西(W)，向南(S)，向北(N)；并以(c)、(E)、(N)为正(+)向，以(d)、(W)、(S)为负(−)向。

T 震相周期，以秒计算。

α 观测点指向震中的方位角，可用P波初动的水平位移分向测定，即 $A_E/A_N=\tan\alpha$。

Δ 震中距离，以度数或千米计。

5个基本参数为：发震时刻 H；震中位置的经度 λ，纬度 φ；震源深度 h；震级大小 M，以上所述各项，在各地观测台站或中国地震台网中心的地震报告中，一般都有初步数据，供进一步研究参考。下面再来谈谈基本参数的测定方法。

5.1.1　发震时刻、震源位置参数的测定

地震定位是地震学中最经典、最基本的问题之一，提高定位精度也一直是地震学研究的重要内容之一。震中位置的概念，就宏观与微观来说，是有所不同的。最早认为地震振动或破坏最强烈的地方是地震中心，圈一个区，称为极震区或震中区，有时包括的范围很大，实际上，不知道中心在何处。现在地震学家认为，地震是由于活动断层的突然错动引起，如图5.4所示，那么宏观所谓的震中区，就可能是沿地震断层线透到地面的地方，因为这里的振动和破坏都是最重的，但这里并不是真正的震中。按微观的概念，震中是震源在地面的投影点，如图5.4所示，微观震中和宏观震中是有区别的。地震在震源处发生，当地岩石遭受到破坏，其范围常常很大，究竟哪一点是破裂的起始点，人们还是无从知道。由于岩石破裂，激起了地震波向外传播，根据周围地震台的观测结果，可以证明最剧烈的波动是从地震断层间一点辐射出的，并可按理论推导，找出辐射的发源点，显然这就是震源。由震源直上至地面，便是震中，理论上说，它是一个点，其地理位置可用经纬度确定，即是仪器测定的震中或微观震中。下面要谈的是微观震中的测定，应指出是微观震中的位置，有时也可在极震区之外，这主要是因为微观震中是利用仪器测定出来的，而极震区是通过对地震现场调查，圈划出的破坏最严重的地方，后者与地震动大小、场地条件和建筑物本身的抗震能力有关，是一个区域。从图5.4上来看，这是很容易理解的。

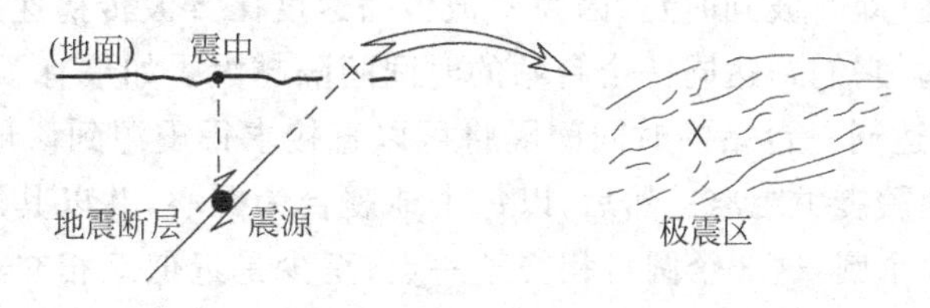

图5.4　微观震中与宏观极震区示意图

图5.5为汶川地震区域地震构造与震中分布图，这是一个非常好的微观震中与宏观极震区的实例，图中的三个黑白相间的球分别是来自中国地震台网中心、美国USGS和Harvard的汶川地震震源机制解，它们的位置即为汶川地震的微观震中位置(可见微观震中的确定是有误差的，不同机构给出的结果存在差异)。图中灰色圆为4.0级以上余震，灰色线表示断层，黑色线表示地表破裂带，可见汶川地震地表破裂带有几百千米长，破裂带大体

上与宏观震中相对应。理解了什么是震源，什么是震中，我们就很容易理解震源距和震中距这两个概念，震源距是指观测点或台站到震源的距离，震中距是指观测点或台站到震中的距离。震源深度即震源到地表的距离。

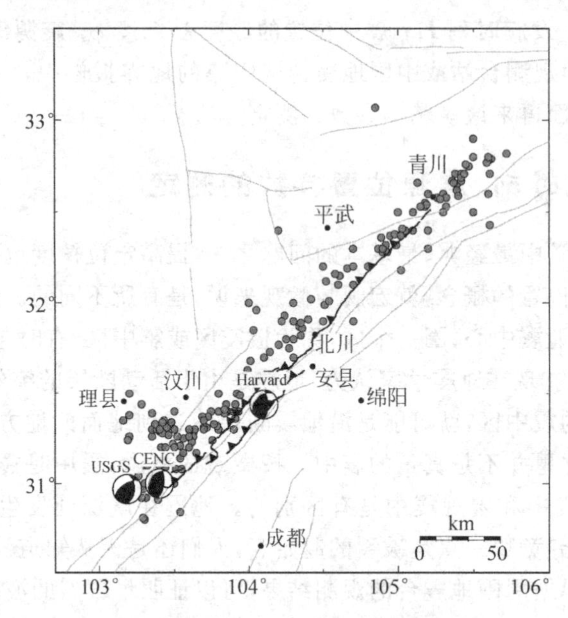

图 5.5　微观震中与宏观极震区实例——汶川地震区域地震构造与震中分布图

在地震参数中，震中的测定最为重要，情况复杂，方法较多，且有近震与远震之分，这里仅介绍交切法，通过交切法确定近震震中实例说明震中位置测定的基本原理。

设想有 3 个地震观测台，它们记录到同一个地震事件，而且各台站位于震源的不同方位上。这 3 个台站的观测人员能够读到 P 波到达观测台站的时间(即 P 波到时)，同时也可以读出 S 波的到达时间(即 S 波到时)。因为 P 波传播速度比 S 波传播速度大约快 2 倍，所以这两种波传播得越远，它们到达同一个台站的时间间隔越大。如果有了 P 波和 S 波的到达时间，从这两种波到达同一台站的时间间隔将可以直接求得震源到该记录台的距离；同理可求得其他台站到地震震中距离。然后，以每个地震台为圆心，并以其震中距为半径画圆。这样我们可以画出 3 个圆，这 3 个圆将相交于一点，至少是近似地相交于所要求的震中，即得到震中位置。

需要强调的一点是，要想使测得的震中尽可能准确，这 3 个数据须来自不同方位 3 个地震观测台。

1975 年 8 月 1 日在美国加利福尼亚州的东北部奥罗维尔附近发生了 5.7 级地震。这次地震的 P 波和 S 波到达 BKS、JAS 和 MIN 台站时间见表 5.1(格林尼治时间)。

根据表 5.1 给出的 S 波与 P 波的到时差，利用走时表或走时曲线即可估算出每个台站到震中的距离(即震中距)，见表 5.2。

表 5.1　P 波、S 波到达台站时间

台站	P 波			S 波		
	时	分	秒	时	分	秒
BKS	15	46	04.5	15	46	25.5
JAS	15	46	07.6	15	46	28.0
MIN	15	45	54.2	15	46	07.1

表 5.2　据 P 波与 S 波的时间差值估算震中距离

台　站	S－P/s	震中距离/km
BKS	21.0	190
JAS	20.4	188
MIN	12.9	105

分别以这些震中距离为半径，以 3 个台为圆心可画 3 个圆弧，如图 5.6 所示。注意这些圆弧并不精确地交于一点，但从重叠弧内插得到一个估算的震中：39.5°N，121.5°W，这些数值的误差约 10km。如果地震记录台站碰巧在震源的上方，那么由 P 波或者 S 波从震源到台站的传播时间就可直接求出震源的深度。现在，通过计算机程序应用复杂的统计方法，分析许多台站 P 波和 S 波记录，可以确定发生在世界任何地方地震的震源位置。为保证精度，地震台站必须合理地均匀地围绕着震中布设，而且应该有近台和远台的均匀分布。通过对在同一地区已知位置地震的先前记录的校对计算，可以更精确地定位震源。今天在世界的多数地区，震中定位的精度大约为 20km。目前，我国的地震定位精度从行政单位划分来看，一般精确到市、县级。

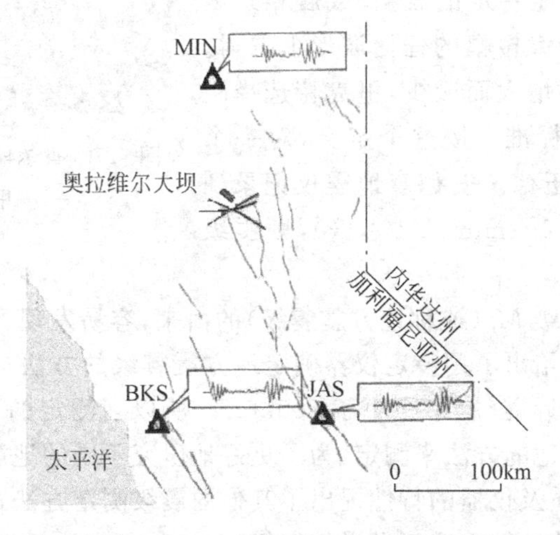

图 5.6　以加利福尼亚州的 3 个地震台 BKS、JAS 和 MIN 为中心的弧相交于震中附近——奥拉维尔大坝

图中的细线是一些主要断层的地表位置

当我们确定了震中位置后，就知道震中和每个观测台站的距离，由走时曲线(见图4.7)上就可以读出P波或S波的走时，用地震台上观测到的P波或S波到时减去各自的走时即可获得发震时刻。发震时刻也可以由走时曲线直接确定，由走时曲线可以看出，P波和S波到时差和震中距以及P波或S波的走时间存在着一一对应关系，故可以由到时差确定P波或S波的走时，同上即可获得发震时刻。

5.1.2 地震震级

科学家和公众询问地震的基本问题就是它的大小。因此，地震学家发明了许多从地震记录上确定地震大小的简单方法。地震台站用来衡量地震大小的最普通单位是地震震级。天文学家们长期以来根据恒星的光度标准分定恒星的大小，恒星的光度标准是依据通过望远镜看见的恒星的相对亮度确定的。在1935年查尔斯·里克特(见图5.7)在加州理工学院发明了类似的方法测量地震大小，和达也曾经用类似的方法确定日本地震的大小。里克特提出按照地震仪器记录到的地震波的振幅将地震分级。这种分级系统最初只用于衡量南加州当地的地震，现在全世界地震的研究都使用这种分级系统。

因为地震的大小变化范围很大，所以用对数来压缩测量到的地震波振幅是很方便的。震级精确的定义是：里氏震级 M_L 是地震波最大振幅以10为底的对数。地震仪是一种被称为伍德·安德森的特殊地震仪，其记录到的振幅测量精度达到1‰mm，自然周期是0.8s，阻尼系数是0.8，最大放大倍数为2800。里克特并没有指定特定的波型(或震相)，因此最大振幅可以从有最大振幅的任何波形上取得。由于振幅随着传播距离增大而减少，里克特选择距震中100km的距离为标准。按这个定义，对一个100km处的地震，如果伍德·安德森地震仪记录到1cm的峰值波振幅(即1‰mm的 10^4 倍)，则震级为4。

图5.7 查尔斯·里克特(1900—1985)
——里氏震级发明者

上述说明了里氏震级 M_L(或称地方震震级)的由来，容易发现，里克特根据地震波振幅随传播距离的衰减规律给出了用特定仪器确定地方震震级的方法，该方法只能用于像里克特研究过的那一类浅源近震(震中距小于600km)。所以当测定的地震不是浅源或不是近震的时候就得考虑用其他的方法来测定，为了更好地研究不同的地震，地震学家根据地震波传播规律、地震震源性质及仪器的特性提出了其他的震级测定方法，下面简要介绍几个常见震级的概念，有关其具体计算方法不做详细介绍。

由于体波的几何扩散面是球面，面波的几何扩散面是圆柱面，所以体波的衰减要快于面波，故当震中距大于600km后，地震波记录图上的主要成分为周期是20s左右的面波，不再是体波 S 波了，于是，对于远震引入了面波震级 M_S，即用 20s 左右的面波振幅计算地震震级。当震源深度较深时，面波不发育，地震学家们提出了用体波 P、S、PP 等的最大振幅测定震级，称为体波震级，体波震级分为由短周期地震仪测定的体波震级 m_b 和由中长周期地震仪测定的体波震级 m_B。m_b 是用周期 1s 左右的地震体波振幅来量度地震大小，m_B 是周期用 5s 左右的地震体波振幅来量度地震大小。以上的三种震级实质上属于里克特-古登堡震级系统，有些地方简称为里氏震级系统。

矩震级 M_W 实质上是用地震矩来描述地震的大小，其定义式为 $M_W=\frac{2}{3}\lg M_0-6.033$，其中地震矩 M_0 的定义为断层介质的剪切模量 μ、震源破裂面的面积 S 和震源破裂面上的平均位错 D 三者的乘积，即 $M_0=\mu SD$，单位为 N·m。所以它反映了地震断层形变的规模，是目前量度地震大小最好的物理量。

一般来说，地震震级越大，振动持续时间越长；根据地震大小和其振动的持续时间关系，提出了持续时间震级 M_D。还有一些其他的震级标度，目前这些震级标度还没有形成国际标准，只在某些地震机构得到应用，例如 Lg 波震级 m_{bLg}，利用海啸强度估计的震级 M_t，用地震波能量估计的震级 M_e 等。

震级是衡量地震大小的尺子，是有很多把的，量不同地震的震级时要用不同的尺子，并且它们所测量的内容也不一样，不同的机构用同一种震级标度测定同一个地震时，又由于其所用的公式可能存在差异，故对于同一地震，震级一致性还是个问题，这就是有时我们在媒体上看到同一地震的震级报道不一致的原因。

震级本身没有任何上下限(虽然地震大小有上限)。自本世纪有了地震仪以后所记录到的地震仅有几次震级达到 8.5 级以上。例如，1964 年 3 月 27 日在阿拉斯加威廉王子海湾的大地震的里氏震级约为 8.6。另一方面，小断层的滑动可能产生小于零级的地震(即震级为负值)。在局部地区记录非常灵敏的地震仪可探测到－2.0 级的地震，这种地震释放的总能量大约相当于一块砖头从桌子上掉到地面的能量。

目前，地震参数的测定分两个过程，一是计算机自动测定与人机交互快速测定，二是最终的修订。计算机自动测定与人机交互快速测定：在地震发生后，计算机数据处理系统会给出自动处理结果，并通过网站、手机短信的途径发布地震信息。随着接收到地震信息的地震台站的不断增加，测定的地震参数也在不断地变化。最终的修订要待所有地震台站的资料收集齐以后，给出最终地震震级等参数，编辑出版地震观测报告。例如对于汶川地震，中国地震台网中心利用国家地震台网的实时观测数据，速报的震级为里氏 7.8 级。随后，根据国际惯例，地震专家利用包括全球地震台网在内的更多台站资料，对这次地震的参数进行了详细测定，对震级进行修订，修订后震级为里氏 8.0 级。美国初定矩震级为 7.8 级，修订矩震级为 7.9 级；欧洲地中海地震台网中心初定矩震级为 7.5 级，修订矩震级为 7.9 级。

5.1.3 地震震级与地震烈度的区别与联系

地震的震级和烈度，两者都是研究地震的参数，既有联系，又有区别。形象地说，震级好比灯泡的瓦数，烈度相当于受光点的亮度。可以从两方面区别它们。

首先，震级和烈度的含义不同。震级是衡量地震本身释放能量大小的级别。地震释放的能量越大，震级就越大。一次地震只有一个震级。烈度是指某地区受地震影响的强弱或破坏程度。破坏越严重，烈度就越大。因此，一次地震，考察的位置、条件不同的地方，就有不同的烈度。

其次，确定震级和烈度大小的依据不同。震级是根据地震台站的仪器记录，按一定公式推算得出。当地震发生时，处在不同位置的地震台站，只要仪器记录和公式推算准确(在后面还要详细介绍)，会得出相同的地震震级。震级与所释放的地震波能量有统计关系，每增大一级，能量增加大约 32 倍。地震烈度的大小，是根据地震发生时人的感觉及室内摆设的摇动情况，以及房屋和其他建筑物的破坏轻重程度，还有地面破坏现象等来确定。

地震震级与地震烈度有一定联系。烈度大小与地震震级大小、离震中的远近、震源深浅、当地的地质条件、土壤以及建筑物本身牢固程度等多方面因素有关。一般来说，地震震级越大，震中烈度越大；震源越浅，震中烈度越大。

5.2 地震能量

地震能量是储存在地球岩石内的应变能，后来由岩石破裂而突然释放出来。根据突然破裂而产生的地震波能量的测量，估计全世界每年由地震释放的能量在 10^{25} 尔格到 10^{26} 尔格之间。岩石破裂后未必将所积蓄的应变能全部释放出来，而所释放的能量有多少转化成地震波的能量传播出去，也没有固定的比例。其实，这个比例是可变的，与应变能释放的快慢有关系。若释放得极慢，可全部变成其他形式的能量(如热能)而不产生地震波。若释放得极快，则最多只有一半的应变能化作地震波的形式传播出去。所以地震波能量与释放的全部能量之比在 0 到 1/2 之间，由能量释放的速度而定。岩石总应变能是不易估计的，但地震波能量可以用振幅的平方去估算。普通所说的“地震能量”是指地震波能量，它比实际地震释放出的能量可能要小二三个数量级。

从图 5.8 中可以看出，地震释放能量是非常大的。一个 8.5 级地震通过地震波释放出来的能量，大约相当二滩电站连续发电近 6 年的发电量总和。1995 年 1 月 17 日日本阪神大地震的震级为 7.2 级，释放的地震波能量相当于 1000 颗“二战”时投向日本广岛的原子弹。汶川地震释放的能量相当于 5600 颗广岛原子弹爆炸。由此可见，大地震释放出的能量是十分惊人的。一般认为，迄今为止世界上记录到的最大地震是 1960 年 5 月 22 日智利的 9.5 级地震。由于岩石的强度和破裂的规模都是有限的，所以地震的震级也是有上限的。

5.2.1　能量的积累和释放

现今广为接受的地震发生的断裂破裂机制的物理学原理，是由里德对1906年圣安德烈斯地震的研究给出的弹性回跳理论。我们由此可知，地壳物质是弹性的，地震的发生也即地下断层的突然错动，也即断层两侧的回跳——跳回到各自的平衡位置。地震之前，震源处有应变，我们假定震前震源处的应变能为 E_1，由于发生了地震减少到 E_2。$E=E_1-E_2$ 就是被地震所释放的应变能。岩层中所释放出的应变能，将会发生各种能量转换。释放的应变能 E 中一部分转换为地震波动的动能 E_S（有时包括海啸的能量）由震源处释放出去。地震最直接的表现是地面的振动，这就是动能，它就是从震源发出的一种波动。波动能量就是根据地表或其附近的地震波记录来计算的。但是，由于地震波在传播路程中有衰减，所以波动能量的计算是很复杂的。地震释放出的应变能中还有一部分用于形成断层面，地表附近的情况暂且不说，深度在10km以下的地方，由于受到3000大气压以上的压力作用，所以要在承受巨大压力的岩石中形成断层面也是需要相当大的能量的。另一部分变成与重力作用相反的、使地壳发生垂直运动的势能（如有下沉运动，则把这一部分扣除）。大地震发生时可能出现地面升降，因此，随之应发生位能的变化。但是，通常要正确估算这种变化是困难的。这是因为资料不足，而且，这种变化大致达到哪个深度往往也不清楚。关东大地震时就有明显的地面升降。目前对于陆地范围内的升降已搞得相当清楚，但是，对占地球相当面积的海底的升降却不甚了解，所以，不能作出确切的估算。当大地震发生在海底时，还将会有部分能量转换为海啸动能。

5.2.2　震级和能量的关系

很早以前，加利津和杰弗里斯分别于1915年和1923年将1911年帕米尔地震的能量推算为 10^{21} 尔格量级。1935年里克特曾以 $\log E_S=6+2M_L$ 作为 M_L 和 E_S 的关系，式中 E_S 的单位为尔格，1尔格$=10^{-7}$J。以后，古登堡和里克特曾接连更改这类公式的系数，终于得出以下公式：

$$\log E_S = 11.8 + 1.5M_S \tag{5.1}$$

除此之外，就两者的关系还有许多研究。大体都表示如下式：

$$\log E_S = \alpha + \beta M \tag{5.2}$$

其中 β 的取值在1.4～2.2。很显然，式中的 β 变大时，α 就变小。表5.3给出了由式(5.1)所得的 M 和 E_S 之间的关系。

在核爆炸地震学中，通常用与TNT炸药等价的千吨(kt)或百万吨(Mt)来表示核爆炸所释放的能量。1kt TNT$=4.2\times10^{12}$J，或者说，一次百万吨(1Mt)级的核爆炸所释放的能量为 4.2×10^{15}J。作为比较，一次5Mt级的核爆炸（如1971年阿拉斯加阿姆契特加的核爆炸），其能量为 2.1×10^{16}J，相当于一次7.7级地震。1906年旧金山大地震的地震波能量约

为 3×10^{16}J，这个能量相当于一次 7.1Mt 的核爆炸，远远大于 1945 年投在广岛的原子弹(0.012Mt，相当于 6.1 级地震)。迄今记录到的最大地震是 1960 年智利大地震，其地震波能量约为 10^{19}J，相当于一次 2400Mt 的核爆炸。关于地震释放能量与其他现象释放能量的对比可参考图 5.8。

表 5.3 M 和 E_S 之间的关系

M	E_S/尔格	M	E_S/尔格
−2	6.3×10^{8}	5	2.0×10^{19}
−1	2.0×10^{10}	6	6.3×10^{20}
0	6.3×10^{11}	7	2.0×10^{22}
1	2.0×10^{13}	7.5	1.1×10^{23}
2	6.3×10^{14}	8	6.3×10^{23}
3	2.0×10^{16}	8.5	3.6×10^{24}
4	6.3×10^{17}		

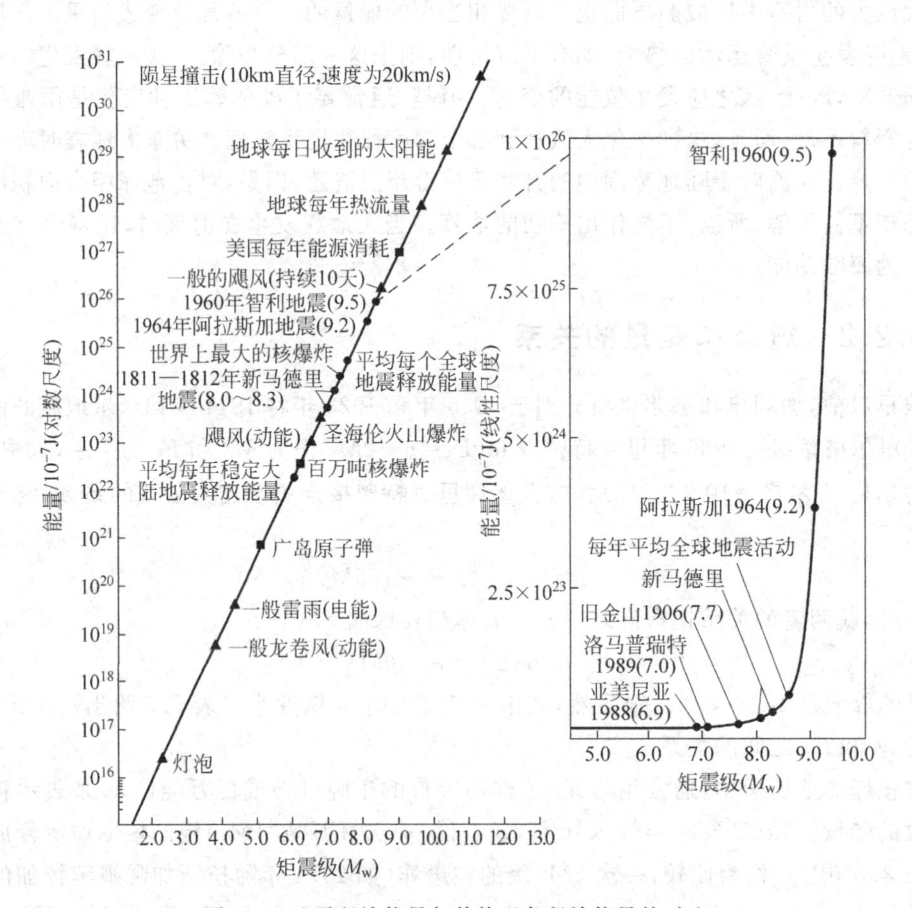

图 5.8 地震释放能量与其他现象释放能量的对比

5.3　地震序列

2009 年 4 月 6 日 22 时 22 分,安徽省合肥市肥东县梁园镇境内发生 3.5 级地震,震中区震感强烈,合肥地区普遍有感,未造成人员伤亡和其他灾情。虽然只是一次 3.5 级小地震,但谣言四起,引起人民群众的普遍不安和惊慌,这就是由于民间流传着“小震闹大震到”的说法,这种说法形象地说明了多数地震不是孤立的单个事件,而是“成群”发生的。特别是在汶川大地震之后,民间流传着李四光曾经预言中国有 4 个城市将发生大地震,现在其他 3 个城市都震了,就剩郯庐地震带。所以这次地震虽小,却让安徽省合肥市的 300 余万人寝食不安。事实上李四光只指出过我国的主要地震带,并不是说地震带上某个确定的城市就一定会发生大地震。在地震发生后,安徽省地震局专家马上对此次地震进行了研究,研究结果认为近期震中及周边地区发生更大地震的可能性不大。并在地震发生后两个半小时后,通过手机短信形式向当地群众告知专家的研究结果:“4 月 6 日 22 时 22 分,肥东县发生 3.5 级地震。据专家分析,近期震中及周边地区发生更大地震的可能性不大,敬告广大群众不要惊慌,保持正常的工作和生活秩序。”据介绍,此次合肥市及地震周边地区共有 102 万手机用户收到此条信息。结果平息了这场谣言,消除了人们的恐慌心理,恢复了正常的生产秩序。

当有感地震发生后,人们就会提出一系列问题,如这次地震是孤立的吗?还会有更大的地震发生吗?可见研究地震序列并对震后趋势作出快速准确的判断,这对我们日常生产生活的影响是巨大的。

随着地震学的发展和地震资料的积累,人们了解到地震发生从时间上和空间上的分布来看都是不均匀的,因此,每个地震活动区都是有各自的时、空分布特征,表明其地震活动性。若将一个活动区内,不论地震大小,按其发生时间的先后,排列起来作为序列,便可显示出地震活动是不连续的,在活动期后,又有平静期相间,间隔时间也不相同。早年由于观测技术比较简陋,只有较大的地震人们才能观测到,比较小的地震就会遗漏很多,因此,各地地震序列的情况很不清楚,常被一些大地震掩盖,除有震期与无震期外,不知其他。后来观测技术发展了,人们逐渐知道大地震前后,有许多不同震级的小地震,组成各种形式的序列。

5.3.1　地震活动期间地震序列的结构

在一次地震活动期间,发生地震的数目很多,其中震级最大的地震称为主震,主震发生之前通常有不少小地震发生,这些小地震就组成了前震序列;主震发生之后一般也会有大量的地震发生,这些地震就组成了余震序列。人们将前震、主震、余震视为一次地震活动,称为地震序列,各地震序列的活动时间长短不一,有些大地震可持续若干年,仍属于一次活动,构成同一期的地震序列,余震时间较长,余震停止后便转入地震平静期,需经过较长一段时间,才能孕育下一次地震活动期。在活动期间,地震虽然很多,但震中分布,主要集中在主震周围百十千米之内,形成地震活动区(或震中区)。大规模的继续活动一般不在原地重复,其时间和空间的间隔取决于地震地质条件。地震序列可分为以下几类:

(1) 主震型　主震的震级高,很突出,主震释放的能量(R_E)占全地震序列所释放的总能量满足 $90\% \leqslant R_E < 99.9\%$,其中又分为"主震—余震型"和"前震—主震—余震型"两类。主震型的最大特点是主震震级突出,主震和最大前震、最大余震的震级相差显著,有时也有连发的,即震级相近的大地震接连发生几次。有时也用序列中两次最大震级地震间的震级差(ΔM)在 0.6～2.4 作为判断标准。值得注意的是,前震与主震之间常有一段活动间歇的时间,往往这段时间是地震短临预报的关键,如我国的海城地震。主震之后,余震紧接着开始。

(2) 震群型　没有突出的主震,主要能量是通过多次震级相近的地震释放出来的;震群型的最大特点是没有突出的主震,前震、余震和主震震级较接近,$R_E < 90\%$,或 $\Delta M < 0.6$。

(3) 孤立型(单发性地震)　其主要特点是几乎没有前震,也几乎没有余震,$R_E \geqslant 99.9\%$,或 $\Delta M \geqslant 2.5$。孤立型的最大特点是前震和余震少而小,且与主震震级相差极大。

当然,这里介绍的是典型的地震序列类型,实际中遇到的地震序列是很复杂的。

首发强震是指一个地震序列中第一次发生的强震。在它之后还有与它震级相近的或稍大于它的地震。所以首发强震既不同于主震,也不同于前震。在震群型地震中常出现这类地震,如 1966 年邢台地震和 1989 年巴塘地震。

强余震是指主震后再次发生比主震小 0.7 级左右的地震。强余震多出现在主震型的地震序列中。根据强余震距主震时间的长短,又可分为早期强余震和晚期强余震。

在各类地震序列中,"主震—余震型"所占比例最大,如果加上孤立型,即强震后不再发生差不多大小或更大强震的,约占地震序列总数的 73%。而且应当说明的是,震级越高,"主震—余震型"所占比例越大。

余震的数目比较多,持续时间也比较长,形成有规则的序列,余震的产生问题引起人们很多讨论,一般认为:由于地壳不是完全的弹性体,主震不能将前此积蓄的大量弹性应变能一下释放完全,其剩余部分就在弹性应变的恢复、调整平衡的过程中陆续以余震的形式释放,故余震在某种意义上可说是主震的继续。持续的时间常常是长短不一,又因地壳岩石的组成不均匀,大破裂的周围必然有各式各样的尚未稳定的伤痕,继续破裂,渐渐趋于平稳,因此,余震震中的分布,震级的大小,次数的多少等情况很复杂。余震活动的形式,受震源区地质构造的影响,有一定地区性的差异,正常情况的总趋势是初期很强烈,急剧下降而逐渐衰减。日本的大森最早得出余震的衰减规律,可写成

$$N = \frac{A}{1 + ct} \tag{5.3}$$

式中,N 为一定时间间隔内(一小时,一天……)超过某一震级的余震数,A 和 c 是常数,t 是距离主震发生的时间。实际上是余震活动的次数随双曲线衰减,而不是按普通衰减规律,以指数衰减。当然,单从发生的次数上考虑,不能完全代表余震活动的衰减,需与急剧下降的震级联系起来考虑,才能比较确切地说明余震衰减的情况。后来宇津德治又根据大量新的

观测资料将大森公式修改为

$$N=\frac{A}{(1+ct)^{P}} \tag{5.4}$$

没有改变其基本性质，P 值很接近于 1，以我国若干大地震的余震序列为例，除 1966 年邢台地震衰减特别慢之外，其余的 P 值都在 0.9 至 1.35 之间。

5.3.2　余震预测

余震带给人的痛苦不亚于主震。主震突然来袭，顷刻之间万物归于泥土；然而在其后几天甚至几个月的时间里，余震却让人们守着已成废墟的家园，在等待中煎熬。因此，有些地震学家称余震为“地震后的幽灵”。现有的科技手段不足以对主震进行可信的预报，那么对余震是否能准确预报呢？

余震的强度一般小于主震，在能量衰减到地震前水平的时间段内接连发生，个别余震甚至在数年后还会骚扰人类，因此，尽管强度不大，但它的威力会由于反复来袭而叠加。有时，主震不足以震塌的建筑，在余震作用下也相当危险。

2010 年是 1976 年 7 月 28 日唐山 7.8 级地震 34 周年，截止到 7 月 29 日，唐山余震区共发生 4 级以上余震 900 多次，见图 5.9。唐山地震余震区的地震活动总体上呈强度和频度上的稳定衰减。目前活动水平为 4 级。2010 年 3 月 6 日和 4 月 9 日分别发生 2 次 4 级地震。

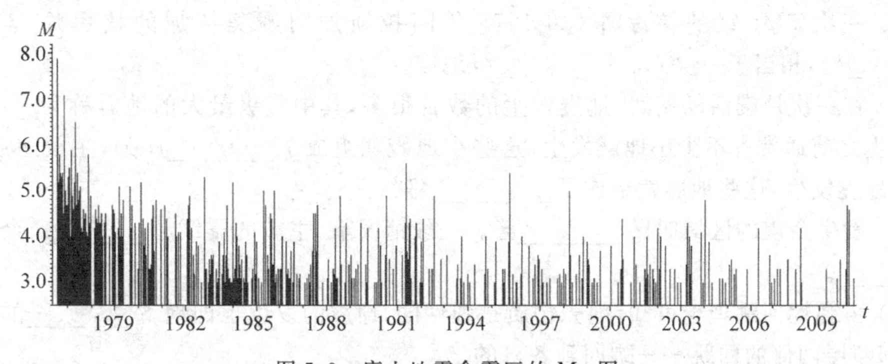

图 5.9　唐山地震余震区的 M-t 图

余震的两个特点使其难以捉摸。第一，余震并不一定局限于主震周围很小的区域。这是因为断层破裂面是动态的。从科学的角度来看，这一特点对于研究地震有很大价值，科学家可以通过余震发生的地点标示出地震断层带的位置。比如 2008 年的汶川地震，主震和余震便基本上沿着地形走势排成 600 多千米的地震带，这便是龙门山断裂带。另外，在破裂面外，由于应力积累，也可能触发余震。第二，随着时间流逝，余震的频率确实会越来越小，但是其强度却不一定减小，在主震过去很久后，还偶尔有很大的余震发生。

尽管上述特点叫人挠头，但好的消息是，余震的表现也在相当程度上可以预料，科学家将之归纳为地震的“数学三定律”。第一条定律叫“Gutenberg-Richter 关联式”，由“里氏震级”的定义者 Gutenberg 和 Richter 总结出：余震的级数每降低一级，余震的次数就会增加10倍。第二条为“Båth 定律”：平均来说，最大的余震，其震级比主震小1.2。最后一条是“Omori 定律”：余震频率的衰减，即发生余震的概率随时间基本上呈倒数曲线减少，所以余震的衰减还是很快的。当然，余震的形式并不总是严格遵循这些规律，它们通常随地理条件不同而略有不同。不过，科学家凭着在历次地震中总结出的余震发生规律，再加上对当地活动构造的分析(比如依据上边提到的断层带的走向)，多少可以“事后诸葛亮”地说出某一地区在一定时间段可能发生某强度地震的概率有多少，这便是余震预测——既不是像买彩票一样赌运气，也绝不是100%准确。

习题 5

1. 填空题

(1) 地震基本参数有________、________、________、________和________。

(2) 人们使用地震仪进行地震观测，一般分作三个分向，分别记录。在一个观测台上，常常是将两个同样的________拾震器，分别安装在________和________，另外一个性能相似的________拾震器，安置在侧边，构成一个完整的拾震系统。

(3) M_S 震级不能用于________地震，因为深源地震不能激发显著的________。

(4) 一次5Mt级的核爆炸(如1971年阿拉斯加阿姆契特加的核爆炸)，其能量为________J，相当于一次 M_S=________级地震。

(5) 在一次地震活动期间，地震发生的数目很多，其中震级最大的地震称为________，主震发生之前通常有不少小地震发生，这些小地震就组成了________序列，主震之后，会有大量的地震发生，这些地震就组成了________序列。

(6) 发生余震的区域叫做________区。一般情况下，主震的震级越________，余震区就越________。

(7) 由弹性回跳理论可知，地壳物质是弹性的，地震的发生也即地下________的突然错动，也即断层两侧的回跳——跳回到各自的________。

(8) 在地震图上显示的________不同或________不同的地震波组称为________。

(9) 震源距是指________到________的距离，震中距是指________到________的距离。震源深度即________到震源的距离。

(10) 地震波最初从地球内的一点发出，这点就叫做________，位于地球表面的恰又位于该点之上那点称为________。

(11) 平均来说，最大的余震，其震级比主震小________。

(12) 主震型地震序列的主震震级高，很突出，主震释放的能量占全地震序列释放的总能量的________以上。

2. 简答题

(1) 谈谈描述地震的参数有哪些及其意义。

(2) 我们从地震记录中可以获得哪些参数？

(3) 发震时刻如何测定？

(4) 什么是地震序列？它由什么组成？

(5) 一个7级地震的能量有多大？相当于多少TNT炸药？若用千瓦时来衡量又是多少？

(6) 谈谈你对余震成因的理解。

第 6 章

地震监测预报

如前所述，从古到今，在众多的自然灾害中，地震一直是威胁着人类生命和财产安全的群灾之首，而准确的地震监测预报则能极大地减轻地震灾害的损失。所以，地震监测预报作为防震减灾工作的一个方面，成为世界各国公众关注的焦点，也一直是地震科学研究的主要课题之一。

地震监测如同医生给病人号脉一样，是地震科学工作者给地球"号脉"，即指在地震来临之前，对地震活动、地震前兆现象的监视、测量。地震预报则如同医生向病人说明病因、提出医疗建议。严格地说，地震预报应包含两方面的含义，即预测和预报。

预测是指人们用科学的思路和方法，通过对资料的分析判断和理论研究，对未来地震（主要指强烈地震）的发震时间、地点和强度（震级）作出估计。这里地震的发震时间、地点和强度（震级）称为地震三要素。地震预测是科学家行为，允许科学家提出不同见解，允许有不同意见的争论，这些都属于对地震科学的研究探讨。

预报是指政府根据科学家的地震预测，综合考虑社会政治经济影响，向社会正式发布对未来破坏性地震发生的时间、地点、震级及地震影响的预测。地震预报是政府行为，是建立在科学家对地震的预测建议基础上的，具有很强的社会约束性。

地震预报是十分复杂的世界性科学难题。从世界范围来说，地震预报目前正处于科学探索阶段，还很不成熟。而向社会发布地震预报信息的社会政治经济影响很大，因此各国对地震预报的权限都作了严格的规定。

据记载，地震预报是第二次世界大战结束以后开展的探索性科学研究项目。虽然，从一开始到现在它都是一个有争议的问题。但是，由于地震预报具有强烈的社会需求性和巨大的科学探索性两大属性，所以，面对政府和公众的强烈需求，在人类探索未知世界的科学精神的鼓舞下，国际上的地震科学研究者们也从没有放弃实现地震预报的追求。目前，随着地震科研工作的广泛开展、全球地震监测台网的进一步加强以及资料的不断积累，人们对地震孕育、发展、发生的规律有了一定的认识，进行过一些有减灾实效的地震预报实践，但距离我们的理想还比较远。在地震预测方面被大家公认的进展是：对板块边缘地震发生的地点预测，如美国的麦克坎等人在20世纪80年代编制了“主要板块边缘地震危险性区划图”，该图勾画出的太平洋的地震空区中，已经有8个空区为大震发生所填满。但对与人类关系密切的板块内部地震的发生时间、地点问题根本没有解决，且难度也很大。在地震监测方面，世界上许多国家能够做到全天候地观测地层变化情况，以便避开地震高发地带。如在美国加利福尼亚州，随时可以从网上查到每天24小时内发生地震的概率；日本有一个广播频道实时公布地震实况，让公众根据具体情况，自行采取相应防范措施等。

我国是世界上唯一把地震预报作为一项政府任务的国家，因此也是地震预报实践进行得比较多的国家。我国地震科学工作者通过长期艰苦的科学探索、对震例资料与实际经验的总结、提炼，在揭示地震孕育和发生的科学规律、提高在现有科学认识下的地震预报水平方面作出了一定的成绩。但是，预报更多是基于经验而不是理论、存在漏报和虚报的问题，也有一些监测方法和预报理论尚未得到世界同行的认可。为此，他们正在为逐步接近且最终达到地震预报的科学目标而加倍努力着。

6.1　中国地震监测预报的历史回顾

我国是世界上大陆地震最为频繁，地震灾害最为严重的国家之一，也是对地震现象记录和研究最早的国家。自公元前23世纪(4300多年前)就开始有了地震现象(受灾地点、范围、破坏情况、地震前兆现象、对地震成因和地震预报的探索)的记载，并发明和制造了世界上第一台观测地震的仪器——候风地动仪等，对地震的观察、记载和研究堪称世界之最。

我国地震预报工作的广泛开展和研究则是从1966年河北邢台大地震之后开始的。通过近50年的研究和实践，不仅积累了丰富的地震前兆资料，加深了对地震前兆异常表现特点的认知，而且摸索出了一套地震预报的思路和程序。继辽宁海城地震成功预报后，对中国大陆28次地震作出了一定程度或比较成功的预报，使中国地震预报水平领先世界，成为联合国教科文组织认定的唯一对大地震作出过成功短临预报的国家。

回顾我国地震监测预报工作的发展进程，从时间上可大体划分为4个阶段。

第一阶段：萌芽阶段(1900—1948)

这一阶段随着国外地震观测技术的发展及其对中国产生影响的日益增加，一些接受过西方教育的专家开展了地震观测、地震考察等工作。

1930年我国地震学家李善邦先生在北京鹫峰创建了中国第一个地震台，也是当时世界上一流的地震台之一，共记录了2472次地震，并参与了国际资料交流。

同时，人们观测到一些地震前的异常现象，开始研究地震发生的时间规律及水位、倾斜、潮汐和气压变化触发地震问题、地震与纬度变迁的关系、地震与地磁的关系、地震与天文现象的关系、震前动物异常等。并撰写论文阐述地震的成因、地震的强度和感震区域、前震和余震、地震的预知和预防等问题。

第二阶段：初期阶段(1949—1966)

这一时期的工作主要是为地震监测预报的进一步开展奠定初步的基础。特别是由于全球大地震陆续在一些大城市附近发生，造成了程度不等的严重破坏，引起有关国家的政府和科学家对地震问题的重视。

在我国，首先是于1953年成立了“中国科学院地震工作委员会”；收集、整编中国地震历史资料，出版了两卷《中国地震资料年表》、两集《中国地震目录》；制定了适合中国国情的“地震烈度表”和“历史地震震级表”，并编制了“大地震等震线图”。

其次是在1957—1958年建立了国家地震基本台网，开展了地震速报业务，并开始了区域地震活动性的研究。首次对新丰江水库进行了地震预报预防研究与实践的试验，取得了在特定条件下的成功，使人们增强了预防意识、看到了地震预报的曙光。

第三是1958年9月中国科学院地震预报考察队赴西北地震现场对地震前兆现象进行了调查，总结的前兆现象不仅在当时，而且对以后地震预报工作也有重要科学价值。成为探索短期预报的第一次重要的科学实践。1963年地球物理学家傅承义撰写了《有关地震预告的几个问题》，指出“预告的最直接标志就是前兆，寻找前兆一直是研究地震预告的一条重要途径”。同时也指出：“地震预告是一个极复杂的科学问题”。

第三阶段：发展阶段(1966—1976)

1966年的邢台地震标志着我国进入了第4个地震活动期(见表6.1)，在这个活跃期，中国大陆发生了10次7级以上地震，给我国带来了深重的地震灾害。而且，由于社会、政府和人民的需要，极大地推动了我国地震监测预报工作的发展。

表6.1 1966—1976年大陆地区发生的7级以上地震

序号	发生时间	震　中	震级	预报情况
1	1966年3月22日	河北邢台宁晋县东南	7.2级	
2	1969年7月18日	渤海	7.4级	
3	1970年1月5日	通海	7.8级	
4	1973年2月6日	四川炉霍	7.6级	
5	1974年5月11日	云南大关	7.1级	
6	1975年2月4日	辽宁海城	7.3级	长、中、短、临成功预报
7	1976年5月29日	云南龙陵	7.4、7.3级	
8	1976年7月28日	唐山	7.8、7.1级	
9	1976年8月16、23日	松潘	7.4、7.2级	较成功的短临预报
10	1976年11月7日	四川盐源—云南宁蒗	6.4级	较成功的短临预报

1966年3月8日河北邢台地区隆尧县发生6.8级地震,3月22日又在宁晋县东南发生7.2级地震,这两次产生巨大灾难的地震的发生引起了国家的高度重视,在周总理的亲临号召下科学工作者抓住邢台地震现场不放,积极开展预报实验,边实践、边预报。不仅在现场首次预报了3月26日的6级强余震,而且,在长期的地震预报实践中逐渐建立了地震预报的组织形式与发布程序,为后来的地震预报体制的建立提供了经验;并且初步形成长、中、短、临渐进式预报思路。

1975年2月5日辽宁海城7.3级地震的成功预报实践,不仅大大地激励了中国地震学家的研究热情,也给世界地震学界带来了极大鼓舞。同时,推动了全国范围的地震群测群防活动的广泛开展。使得地震预报事业得到了空前的发展,奠定了地震监测手段和预报方法的研究基础,进一步推进了对地震孕育和发生规律的科学研究。

为了加强我国地震监测技术力量,1975年成立了我国乃至于世界上仅有的培养地震监测预测一线技术人才的学校——天水地震学校(防灾科技学院的前身)。建校三十多年来,学院为地震系统和社会培养毕业生3万多名,多人获得各级科学技术进步奖及全国和省级劳动模范称号,学院因此被誉为"地震系统的黄埔军校"。

第四阶段:全面开展阶段(1977年至今)

我国大陆1976年以后出现了10多年的强震活动较弱的时期,这一方面,给人们提供了一个总结→研究→提高的机遇;另一方面,随着科技水平的提高、先进技术和理念的应用使地震监测预报工作得以全面开展、深入研究有了坚实的基础;提出了综合预报的思想,建立了系统化、规范化的地震预报理论和方法。

1983—1986年开展了地震前兆与预报方法的清理攻关工作,对测震、大地形变测量、地倾斜、重力、水位、水化、地磁、地电、地应力方法预报地震的理论基础与观测技术、方法效能作出了评价;对各种常用的分析预报方法的预报效能作出初步分析,为地震综合预报提供必要的依据;提出了一些新的预测方法以及利用计算机分析识别地震前兆的设想,为我国前兆观测和地震预测研究打下了良好的基础。

1987—1989年开展了地震预报的实用化攻关研究。通过对60多个震例资料的系统分析和对比研究,形成了各学科的、综合的、有一定实用价值的地震分析预报方法。同时,也将专家们的地震预报经验进行了高度概括和总结,并建立了三个地震预报的专家系统。系统科学(如信息论、系统论、协同论、耗散结构论、非线性理论等)也开始应用于地震预报。使中国地震预报水平跃入国际先进行列,乃至国际领先水平,在世界地震预报领域引人瞩目。

20世纪90年代以来,随着高新技术在地球科学中的应用,特别是空间对地观测技术和数字地震观测技术的发展,给地震预测预报研究带来了历史性的发展机遇。地震学家们以新一代的数字观测技术为依托,开展了大陆强震研究、逐步实施了以地球科学为主的大型研究计划,为地震预报研究提供了大量的资料。同时,不仅从预测理论、模型、异常指标、预测方法以及物理机制等多个方面进行研究,而且,紧随计算机和网络技术的发展和普及研制出一批地震预测的工具软件、对台站进行了数字化改造、建立了地震监测与速报台网、中国地震台网中心，使地震监测预测工作迅速进入了数字化、自动化和网络化的高新技术应用时代，地震监测水平进入世界先进行列。

6.2 地震前兆现象

地震和刮风下雨一样，都是一种自然现象，在它来临之前是有前兆的，特别是强烈地震，在孕育过程中总会引起地下和地上各种物理及化学变化，给人们提供信息。我们把地震前在自然界发生的与地震孕育和发生相关联的现象称之为地震前兆现象。

我国古代人民在长期生活实践中，早就认识到地震是有前兆的，并留下了丰富的关于地震前兆的记载。如古书《隆德县志》上就记载了古人总结的六种地震前兆现象，称为“地震六端”，对地震前的天气异常，海啸、地光、地震云等前兆都作了精辟的概括。

“地震六端”：

① 井水本湛静无波，倏忽挥如墨汁，泥渣上浮，势必地震；

② 池沼之水，风吹成荇交萦，无端泡沫上腾，若沸煎茶，势必地震；

③ 海面遇雨，波浪高涌，奔腾汫汹，此常情；若日晴和，台飓不作，海水忽然绕起，汹涌异常，势必地震；

④ 夜半晦黑，天忽开朗，光明照耀，光异日中，势必地震；

⑤ 天晴日暖，碧空清净，忽见黑云如缕，蜿入长蛇，横亘空际，久而不散，势必地震；

⑥ 时置盛夏，酷热蒸腾，挥汗如雨，蓦觉清凉，如受冰雪，冷气袭人，肌为之栗，势必地震。

现代地震科学的深入研究表明，地震之前确实存在多种多样的前兆现象。自1966年邢台地震以来，我国已在100多次中强以上地震前记录到2000多条前兆现象。

由于地震的孕育和发生是很复杂的自然现象，因此在这个过程中将会出现地球物理学、地质学、大地测量学、地球化学乃至生物学、气象学等多学科领域中的各种前兆现象，即地震前兆具有丰富，多样和综合的特点。常见的地震前兆现象有：(1)地震活动异常；(2)地震波速度异常变化；(3)地壳变形；(4)地应力场异常变化；(5)重力场异常变化；(6)地下水物理性质异常变化；(7)地下水中氡气含量或其他化学成分的异常变化；(8)地电场及地球介质电阻率异常变化；(9)地磁场异常变化；(10)动植物异常；(11)地声；(12)地光等。

这些前兆现象有的很明显，人们可以通过感官觉察到；有的则很微弱，只能通过精密仪器测量出。通常人们根据感官所能觉察的情况把这些前兆现象分为宏观前兆和微观前兆两大类。

6.2.1 宏观前兆

人的感官能直接觉察到的前兆现象称为宏观前兆，即指人们可以听到、看到、感觉到的前兆现象，例如天气、动植物、地下水异常及震前出现地声、地光现象等。

天气异常 地震前，尤其是大震前，往往会出现多种反常的大气物理现象，如怪风、暴雨、大雪、大旱、大涝、骤然增温或酷热蒸腾等。如1925年3月16日云南大理地震，震前“久旱不雨，晚不生寒，朝不见露”。1971年3月23日新疆乌什发生6.3级地震前几天，雾气腾腾，灰尘满天。1973年2月6日四川炉霍发生7.9级地震，“震前几小时风尘大作，风向紊乱，上下乱窜”。1975年2月4日辽宁海城7.3级大地震之前，从2月2日起气温连续上升，气压急剧下降，到2月4日，日平均气温出现顶峰，比常年高8℃；另外，2月3日上午3时至10时，震区气温突然上升，形成一个以海城为中心的急剧升温区，两个小时内海城增温12℃，而离海城较远的大连市增温2℃。

研究认为：地震发生前，由于地应力的积累加强和集中释放，导致地球内部释放出大量粒子流和热电流，这些物质进入大气后附着于大气微粒子，成为大气中水汽的凝结核心，并在地磁场的作用下发生运动，引起了天气异常。

地震云 云是大地的脸，它不会撒谎。研究者把在辽阔的天空出现的与地震有关的、与一般的云有着明显区别的、最大特点是“奇”的云称为地震云。据报道，地震云出现的时间以早上和傍晚居多，其分布方向往往同震中垂直；目测估计其高度可达6000m以上，相当于气象云中高云类的高度；其形态各异，常见的有条带状地震云（很像飞机的尾迹，不过更加厚实和丰满些）、辐射状地震云（数条带状云同时相交在一点，犹如一把没有扇面的扇骨铺在空中）、条纹状地震云（形似人的两排肋骨）。研究者们根据长期观测结果认为：地震云持续的时间越长，则对应的震中就越近；地震云的长度越长，则距离发生地震的时间就越近；地震云的颜色看上去越令人恐怖，则所对应的地震强度就越强。例如，旅美华人、专门利用地震云进行地震预测的民间专家寿仲浩曾于1994年1月8日上午7点半（当地时间），在美国加利福尼亚州天空中发现了一朵形似羽毛的云彩（地震云），综合分析判定1月12日至27日在南加州帕桑迪那西北将有一次6级以上的大地震。结果在17日早晨4点30分那里发生了7.0级地震！据报道在唐山地震前也曾出现过地震云，1976年7月28日，唐山7.8级强烈地震发生前一天傍晚，日本真锅大觉教授发现天空出现了一条异常的长长彩云，并用相机拍摄下来。经研究，这种异常的长条云，就是唐山地震的前兆。

目前，有关地震云形成原因有两种学说，一是热量学说，即在地震将发生时，因地热聚集于地震带，或因地震带岩石受强烈应力作用发生激烈摩擦而产生大量热量，这些热量从地表面逸出，使空气增温产生上升气流，这气流于高空形成“地震云”，云的尾端指向地震发生处。二是电磁学说，认为地震前岩石在地应力作用下出现“压磁效应”，从而引起地磁场局部变化；地应力使岩石被压缩或拉伸，引起电阻率变化，使电磁场有相应的局部变化。由于电磁波影响到高空电离层而出现了电离层电浆浓度锐减的情况，从而使水汽和尘埃非自由的有序排列形成了地震云。

动物异常 地震前动物出现的反常表现、活动反常等称为动物异常(见图 6.1)。正如民间谚语所说：

牛羊骡马不进厩， 猪不吃食狗乱咬。
鸭不下水岸上闹， 鸡飞上树高声叫。
冰天雪地蛇出洞， 大鼠叼着小鼠跑。
兔子竖耳蹦又撞， 鱼跃水面惶惶跳。
蜜蜂群迁闹哄哄， 鸽子惊飞不回巢。

图 6.1 动物异常示意图

动物异常往往集中出现在震中区，目前已发现对地震有反应的动物有 130 多种，其中反应普遍且比较确切的约有 20 多种。即大牲畜：如马、驴、骡、牛等；家畜：如狗、猫、猪、羊、兔等；家禽：如鸡、鸭、鹅、鸽子等；穴居动物：如鼠、蛇、黄鼠狼等；水生动物：如鱼类、泥鳅等；会飞的昆虫：如蜜蜂、蜻蜓等。

震前动物出现异常的先后顺序依次为“穴居动物→两栖动物→水生动物→鸟类与家禽→小家畜→大家畜→观赏动物”，如：

1854 年日本中部太平洋海岸外的 8.4 级地震前，距震中 100km 的伊豆半岛西海岸，发现许多鱼死在海边，这些鱼往往生活在大海深处。

1976 年 7 月 28 日唐山 7.8 级强烈地震前，7 月 20 日前后，离唐山不远的沿海渔场，梭鱼、鲇鱼、鲈板鱼纷纷上浮、翻白，极易捕获；就连居民家中养的金鱼，也争先跃出缸外，主人把它们放回去，金鱼竟然“尖叫”不止；更有奇者，有的鱼尾朝上头朝下，倒立水面，竟似陀螺一般飞快地打转。

1975 年 2 月 5 日辽宁海城 7.3 级地震前，冬眠动物(蛙、蛇等)发生出洞事件，尤其是冬眠蛇的出洞，是人们公认的震兆现象。该现象在 1978 年 11 月 2 日苏联中亚 6.8 级地震前得到进一步证实。

史料曾记载，1857 年 2 月 4 日浙江鄞县地震前“山雉皆鸣”。雉除繁殖期求偶外，很少鸣叫，但在地震前却有乱叫现象。在日本也有一种说法：“野鸡乱叫，地震要到”。

据《银川小志》记载：“宁夏地震，每岁小动，民习为常。大约春冬二季居多，如井水忽浑浊，炮声散长，群犬围吠，即防此患。”1972 年尼加拉瓜的马那爪 6.2 级地震前几小时，市内某孤儿院饲养的猴子大肆骚乱。

可见，可以把动物机体看做是一个复杂而对环境变化敏感的感知系统，它可以把有关的地震前兆信号进行有效地提取和放大。从地震预测研究的角度来看，只要知道动物所感觉到的或直接作用于中枢神经系统的是什么样的地球物理或化学因素及其变化特征，就有可能设法检测它们。

植物异常　植物和动物一样，是一个具有生命活力的机体，地震前植物也和动物一样会有异常反应。地球上大约有30多万种植物，在丰富的地震史料中，记载有不少有关震前植物的异常现象。但异常出现的时间很不一致，有的在震前一年，也有的在震前几个月至几天不等，例如含羞草在震前10h左右就有反应。据今所知，震前植物异常的形式主要有：

不适时令开花、结果。地震发生前，植物开花结果的季节性习性被打乱，出现花期提前或退后的异常现象。如1679年9月2日河北三河8级地震，史料记载："清康熙十七年夏大旱，七月李花，十八年七月震"；1974年11月份在我国东北地区有不少杏树开花现象，第二年，2月4日发生了海城7.3级地震；1970年12月3日宁夏西吉5.5级地震前一个月，离震中66km的隆德县上梁公社有些蒲公英竟然在初冬时节开花。

重花、重果。地震前有些植物一反常态，在开花结果后又重新开一次花，甚至结果。如1976年8月16日松潘大地震前，重花重果现象十分普遍和明显。震前五天，江油县义贵公社林场发现一株已结果的苹果树又开第二遍花，震前十几天，彭县发现在3～4月份盛开的玉兰花，居然在7～8月份又开了第二遍花。

极不易开花的植物突然开花结果。如，松潘大地震前，在四川绵竹县发现：通常一生只开一次花的竹子，在正常气候条件下，突然开花的异常现象。

生态上的变异性。1971年长江口4级地震前，有颗包好的黄芽菜在顶上抽心开花。同时，还发现青菜在叶子上开花的怪现象。1976年8月16日松潘大地震前，邓峡县发现一南瓜结果后顶上又开花。

植物"活动"方式的异常变化。据报道，在一次大地震前十小时左右，有人发现含羞草的叶子曾耷拉下来。在日本有一份观察报告，记述了地震前合欢树的叶子出现半合状态的现象。

植物在震前突然枯萎死亡。1976年唐山大地震前两天，蓟县穿芳峪石臼大队道班附近的柳树，在枝条尖部20cm处出现枝枯叶黄的现象，远远望去，柳树好家戴上了一顶黄帽子，附近柳树无一例外。1976年松潘地震前，在"熊猫之乡"的平武县境内，箭竹大面积死亡，有些地方还发现梧桐枯萎现象，尤其使人惊奇的是，距震中区不远的甘肃迭部县一松树林内有沿东西方向程线状枯死的条带。

关于震前植物异常的原因，目前还是个谜。从本质上讲，植物变异是其自身为适应环境变化而作出的反应。可能主要与气象和地温异常、地下水异常、地电和地磁异常等相关。而震前空气中离子浓度的改变，也有可能对植物的不适时令的开花等现象有影响。总之，植物异常的原因有待进一步的探索。

地下水异常　指由构造应力作用引起的地下水水位升降、泉水流量变化、水质和水温变化、水中气体浓度变化，以及通过包气带逸出等地下水、气异常现象的总称。比较常见的有，井水陡涨陡落、变色变味、翻花冒泡、温度升降，泉水流量的突然变化，温泉水温的突然变化。如1970年1月4日云南玉溪7.8级地震前，在极度震区，有一口甜水井，不仅水位急剧下降，而且水的味道也变咸变苦，相反，有的井水却突然变甜；有的井水，煮的饭变红，用来做豆腐、豆浆不能板结。

1976年7月28日唐山7.8级地震前，在唐山地区滦县高坎公社有一口并不深的水井，平时用扁担就可以提水，可是在7月27日这天，有人忽然发现扁担挂着的桶已经够不到水面，他转身回家取来井绳，谁知下降的水又忽然回升了，不但不用井绳，而且直接提着水桶就能打满水！那些天，唐山附近的一些村子里，有些池塘莫名其妙地干了，有些地方又腾起水柱。

地声与地光 这是大地震前大自然向我们发出的警报。地声是指在地震前数分钟、数小时或数天，有声响自地下深处传来，人们习惯称之为"地声"。如1830年6月12日河北磁县7.5级大震震前人们听到地声如"雷吼"、如"千军涌溃，万马奔腾"。据调查，距1976年唐山7.8级地震震中100km范围内，在临震前尚未入睡的居民中，有95%的人听到了震前的地声；在河北遵化县、卢龙县，很多人在27日晚23时听到远处传来连绵不断的"隆隆"声，声色沉闷，忽高忽低，延续了一个多小时；在京津之间的安次、武清等县听到的地声，就像大型履带式拖拉机接连不断地从远处驶过；据人们回忆，在剧烈的地动到来前半个小时到几分钟内，震区群众听到了不同类型的地声，有的听来犹如列车从地下奔驰而来，有的如狂风啸过，伴随飞砂走石、夹风带雨的混杂声，有的似采石放连珠炮般声响，在头顶上空炸开，或如巨石从高处滚落，这奇怪的声响与平日城市噪声全然不同。

根据地声的特点，能大致判断地震的大小和震中的方向。通常，如果声音越大，声调越沉闷，那么地震也越大；反之，地震就较小。当听到地声时，大地震可能很快就要发生了。

地光是指大地震时人们用肉眼观察到的天空发光的现象。地光的颜色很多，有红、黄、蓝、白、紫等，以白里发蓝的为多；其形状不一，有的呈片状或球伏，也有的似电火花。地光在空中持续的时间一般为几秒到数分钟，很短，瞬时即逝。地光在地表上空的高度一般为几米到几十米处。如1966年苏联塔什干发生地震前，一位工程师"听到左方传来发动机隆隆的响声，同时闪现出耀眼的白光，晃得睁不开眼，持续了4.4s，接着地震来了，差点摔倒在地上。地震过后，光也就暗下来了"。1975年2月4日我国海城、营口发生7.3级地震前，东自岫岩，西到绵县，北起辽中，南到新金，整个震区有90%的人都看到了地光，近处可见一道道长的白色光带，远处则见到红、黄、蓝、白、紫的闪光；此外，还有人看到从地裂缝内直接射出的蓝白色光，以及从地面裂口中冒出粉红色火球，光球像信号弹一样升起十几公尺到几十公尺后消失。1976年5月29日20时23分和22时在云南的龙陵、潞西一带发生的7.5级与7.6级两次强烈地震前，地震值班员观察到震区上空出现一条橘红色的光带。1976年7月28日3时42分河北的唐山、丰南一带发生的7.8级大震前，从北京开往大连的129次直达快车于3时41分正经过地震中心唐山市附近的古冶车站时，司机发现前方夜空像雷电似的闪现出三道耀眼的光束马上紧急停车，挽救了一列车人的生命。

地震前为什么有地光？有人认为是地震前地电和地磁异常，使大气粒子放电发光所致；也有人认为是放射性物质的射气流从地下的裂缝中射出，在低空引起大气电离，因而发光。尽管原因还没有彻底清楚，但由于地光有时出现在大震之前，因此它是临震前的一种前兆现象，可以用来进行临震预测。

总之，大地震之前，大自然总会通过各种方式向人们发出具有奇异表现形式的信息。所以，宏观前兆在地震预测中具有重要的作用，如1975年辽宁海城7.3级地震、1976年松潘—平武7.2级地震前，地震工作者和广大群众曾观察到大量的宏观前兆现象，为这两次地震的成功预测提供了重要依据。但值得注意的是引发大自然宏观异常现象的原因是多方面的，因此在碰到类似情况时，不要简单地对号入座，而应该进行全面分析。必要时报告相关的地震行政主管部门。

6.2.2　微观前兆

人的感官无法觉察，只有用专门的仪器才能测量到的地震前兆现象称为微观前兆。其主要包括以下几类：

地震活动前兆　大小地震之间有一定的关系，研究中小地震活动的特点（地震活动分布的条带、空区，地震频度、能量、应变、b值，震群、前震，地震波速、波形，应力降等），有可能帮助人们预测未来大震的发生。例如：1975年2月4日19时36分，辽宁海城7.3级强烈地震前4天左右时间，在距该台20km的地方，发生中小地震500多次，最大地震4.7级；地震的活动范围在距震中5km以内；且在大震前12小时出现小震平静现象，表现出明显的密集—平静—地震发生的阶段性特征。1999年11月29日12时10分，辽宁省岫岩5.4级地震前，小震密集活动3天左右，即11月9日至28日14时地震目录共233条，最大4.1级；27日晚18时开始至28日14时，只发生小震7次。同样出现明显的密集—平静—地震发生的阶段性特征。

地球物理场变化　众所周知，地震是发生在地壳内的，地震的能量是由地球岩石层的构造运动、地幔物质的迁移、地核高压高温物质的热运动所提供的；地震断层发生错动的前前后后，也必然伴随大量的地球物理场的剧烈变化。所以，在地震孕育过程中，震源区及其周围岩石的物理性质都可能出现一些相应的变化。利用精密仪器测定不同地区的地球物理场（重力场、地电场、地磁场）或岩石物理性质（地电阻率）的时空变化，并研究其时空演化规律，也可以帮助人们预测地震。

人们很早就注意到了地震前的电磁场变化。据记载，1855年5月11日日本江户6.9级地震发生的当天，位于江户闹市区的一个眼镜铺里，吸到大磁铁上的铁钉及其他铁制商品（用以招揽顾客），突然掉落在地；事过两小时，一次破坏性大地震发生了，震撼了整个市区；地震过后，那块磁铁又恢复了往日的吸铁功能。1872年12月15日印度发生地震前，巴西里亚至伦敦的电报线路中出现了异常电流；1930年11月26日日本北伊豆7.3级地震时，电流计也记到了海底电缆线路中的异常电流。

类似的事件在我国也曾多次出现。1970年1月5日，云南通海发生7.8级大地震前，震中区有人发现收音机在接收中央人民广播电台的广播时，忽然音量减小，声音嘈杂不清，特别是在震前几分钟，播音干脆中断。1973年2月6日四川炉霍7.9级地震之前，县广播站的人发现，在震前5～30min，收音机杂音很大，无法调试，接着发生了大地震。1975年2月4日19时36分，辽宁海城7.3级强烈地震前，海城地震台发现记录地球电场变化的仪器在2月4日2时25分，记录指针出现较大幅度的突跳信号，在13时50分至14时，记录指针又连续突跳6次，幅度很大，并已经出格；同时记录指针发出"嚓嚓"的划纸声。1976年唐山7.8级地震前两天，距唐山200多公里的北京延庆县的测雨雷达站和空军雷达站，都连续收到来自京、津、唐上空的一种奇异的电磁波。因此，观测电磁场的变化也成为预测地震的主要手段之一。

地形变前兆　大地震发生前，震中附近地区的地壳可能发生微小的形变（升降、错位等），某些断层两侧的岩层可能出现微小的位移。借助于精密的仪器，可以测出这种十分微弱的变化，分析这些变化资料，便可帮助人们预测未来大震的发生。1996年2月3日云南丽江7.0级地震前，距丽江75km的永胜地形变观测站记录到了地壳的形变，见图6.2。

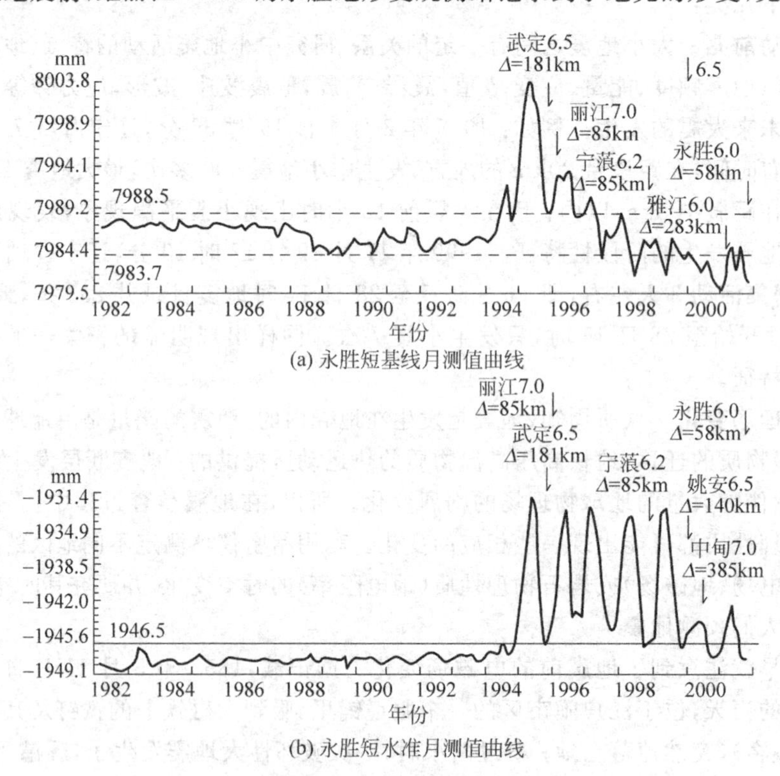

图6.2　云南丽江7.0级地震的地形变异常变化

地下流体的变化　地下水（井水、泉水、地层中所含的水）、石油和天然气、地下岩层中可能产出和储存的一些其他气体，这些都是地下流体。用仪器监测地下流体的化学成分和某些物理量，研究它们的变化可以帮助人们预测地震。如图6.3反映了云南丽江7.0级地震前的水位出现较大变化。

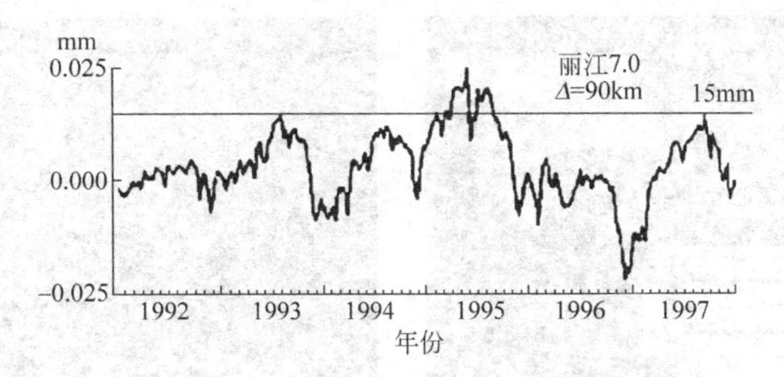

图 6.3　云南丽江 7.0 级地震的水位异常变化(剑川水位旬均值)

不过值得注意的是,异常现象可能是由多种原因造成的,不一定都是地震前兆现象。例如:井水和泉水的涨落、地电或地形变的记录变化可能和降雨的多少有关,也可能受附近抽水、排水和施工的影响;井水的变色变味可能因污染引起;动物的异常表现可能与天气变化、疾病、发情、外界刺激等有关。

当然,也应注意不要把电焊弧光、闪电等误认为地光,不要把雷声误认为地声,不要把燃放的烟花爆竹和信号弹当成地下冒出的火球,等等。

一旦发现异常的自然现象,不要轻易作出即将发生地震的结论,更不要惊慌失措,而应弄清异常现象出现的时间、地点及其他有关情况,保护好现场,向地震部门或政府报告,由地震部门的专业人员调查核实弄清事情的真相。

6.3　地震监测方法

地球上地震很多,每年约 500 万次,大地震时,大地像发了疯一样颤抖,山摇地动,房屋倒塌,夺去很多生灵。人们自然要问:这是怎么回事呢?谁来给发疯的地球做个诊断呢?能不能提前打个招呼、让人们有所防备呢?承担这项任务的就是地震科学战线的广大科技人员,正是他们在日日夜夜地为人民站岗放哨,给躁动不安的地球"号脉"。这就是地震监测工作的任务。

我国的地震监测工作采用了"专业与群测、微观与宏观、固定与流动"相结合的方法,建立了由多方法、多手段构成的地震观测网络系统,是在"边监测、边研究、边预测"的思想指导下进行的。

专业监测是指地震台站(见图 6.4)利用监测仪器,如水位仪、水化仪、地震仪、电磁测量仪、倾斜仪、GPS、体应变仪等,来监测地震微观前兆信息;群测是指群测点,主要靠浅水井、水温、动植物活动异常等手段,来观察地震前的宏观前兆现象。固定是指地震台站的定点连续观测;流动则是对固定点的、等时间间隔的重复观测,如流动地磁测量、水准测量、重力测量等,这是对地震台站观测的补充,具有节约资金、增大监控区域、灵活机动、便于应急的特点。

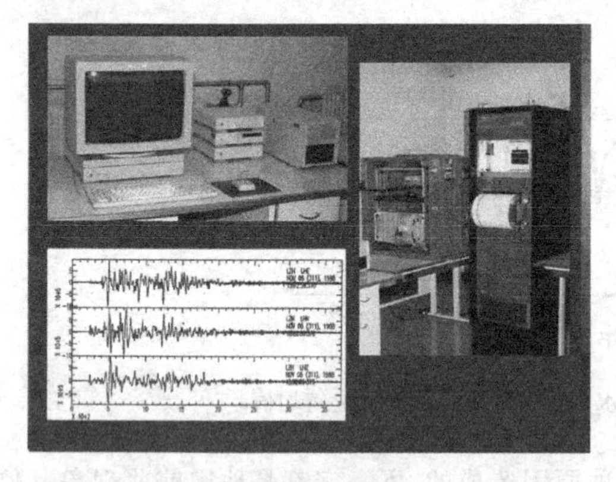

(a) 地震观测

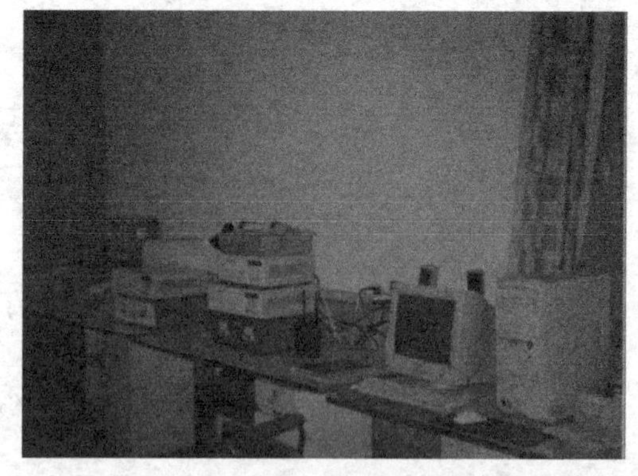

(b) 地电观测

(c) 重力观测

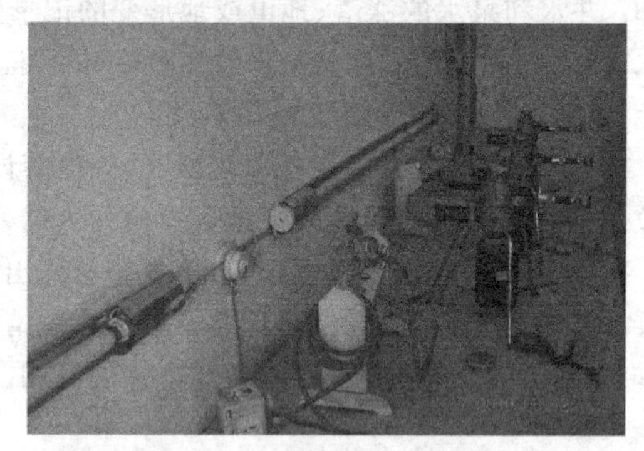

(d) 流体观测

(e) 地磁观测

(f) 地形变观测

图 6.4　北京白家疃国家地球物理观象台的各种监测手段

据中国地震局统计，在我国大陆 31 个省、市、自治区都有地震机构，台湾省也有很强的地震科研力量。这些地震机构在《防震减灾法》中被法定为地震主管部门，下辖 1650 多个专业台站，地方市、县地震台 1240 多个，从事人员在 2 万人以上。形成一个对大地活动进行严密监视的网络，以观察地球内部的物质、构造运动。

1. 地震监测手段及监测仪器

就像大夫给病人查血压、做CT、进行各种理化检查一样，地震部门对地震的监测可归纳为四大学科(测震、形变、电磁和地下流体)、八大手段，共有上百种测项。这些学科与手段，很像医院里开设的内科、外科、骨科等。

地震学方法　利用地震仪测定地震三要素，通过研究已发生地震的活动规律来预测未来可能发生的破坏性地震的方法，通常称“以震报震”。主要的地震学方法可归纳为：(1)空间图像方法，如地震条带、空区；(2)地震学参数分析，时间、空间扫描分析法(如b值)；(3)统计学方法，如地震序列、“密集—平静”现象、地震迁移；(4)震源及介质参数方法；(5)应变释放曲线；(6)强震动观测等。

地震学方法的基础是地震波记录，记录地震波的仪器称为地震仪。世界上第一架地震仪(地动仪)是公元132年由我国古代杰出的科学家张衡(公元78年—公元139年)发明的。近代的地震仪是1880年制成的，它的原理和张衡地动仪基本相似，但在时间上却晚了1700多年。

地震仪能客观、及时地记录地震的发生，测定地震的相关参数。它是由两大部分组成的观测系统：一是拾震系统，利用惯性和弹性原理在地震时拾取地面振动，并加以放大，如图6.5中所示的弹簧和铰链等组成的拾震系统；二是记录系统，将地震过程用记录器记录下来，描绘成一条具有不同起伏幅度的曲线(称为地震谱)，永远保存(纸介质或数字形式保存)，如图6.5中可以滚动的记录纸就是一个记录系统。

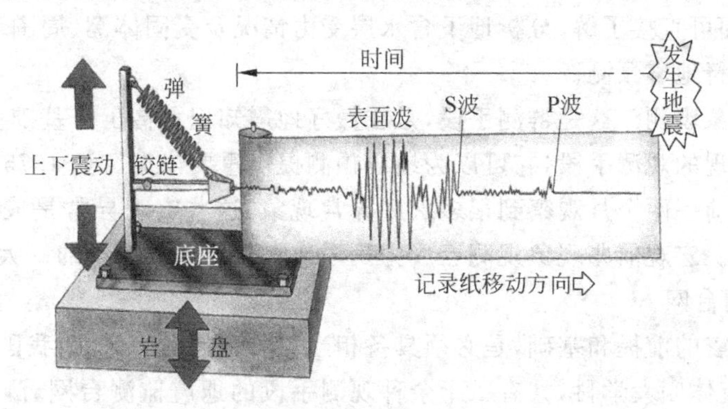

图6.5　地震仪简单示意图

地震谱的起伏幅度与地震波引起地面振动的振幅相对应，标志着地震的强烈程度；从地震谱可以清楚地辨别出各类地震波的效应，以确定地震发生的时间、地点和震级。

地壳形变监测方法　利用精密仪器观测地壳微小变化(包括地倾斜、应力、应变、重力、空间大地形变测量、断层形变测量等)，专门负责监测地球上板块的运动、断层的移动等微小变化的方法称为地壳形变监测方法。如采用水准测量、倾斜测量监测地壳的垂直形变；采用伸缩仪、基线测量监测地壳的水平形变。特别是近年来,我国采用了"全球卫星定位系统(GPS)"进行地壳形变监测,技术手段达到国际先进水平,已能测出小于 10^{-9} 量级的形变量和极细微且大范围的位移量。GPS 形变监测已成为监视大地活动的有效手段。

采用高精度重力仪观测重力场的时空变化。由于地球重力场是一种比较稳定的地球物理场之一,它与观测点的位置和地球内部介质密度有关。所以,可以应用重力场的时空变化观测结果研究地壳的变形、岩石密度的变化及其时空演化过程,进而做地震预测研究。

采用埋设在地下一定深处的应力、应变测试元件测定地下应力、应变的异常变化来预测地震。由于地震孕育过程的实质是一个力学过程,是在一定构造背景条件下,地壳体中应力作用的结果,所以,这是一种较直接、可靠的监测预测手段。

地震电磁监测方法 地球磁场可以直接反映地球各种深度乃至地核的物理过程,地磁场及其变化是地球深部物理过程信息的重要载体之一。通常采用质子旋进式磁力仪、磁通门磁力仪等精密磁测仪器观测地磁场的时空演化过程,并从中分析提取震磁信息以预测地震。此方法有其理论依据和实验基础,也有一定的震例事实。

大量的实验结果和震例都证明岩石在受力变形及破裂过程中会伴随有地下介质(主要是岩石)电阻率、地电场及电磁扰动场的变化。因此,可以使用大地电场仪、地电阻率观测仪、电磁扰动观测仪等精密仪器对地电场、电磁扰动场及地下介质电阻率进行观测,并从观测资料中分析它们的时空演化过程,从中提取异常信息以预测地震。

地下流体监测方法 即地下流体动态观测,包括氡、汞、离子等地球化学分析及水位、流量、地温等地下水物理性质观测。通常利用水位仪、水温仪、测氡仪、测汞仪等流体观测仪对其进行监测,从而可直接了解、分析地下含水层受力情况及受固体潮、周围环境的影响情况,提取异常信息进行地震预测。

宏观前兆现象观测 这是群测手段,是在做好地震知识宣传工作基础上,发动监测区内广大人民群众实现的观测手段,它可以为地震预测提供重要依据。如 1975 年 2 月 4 日辽宁海城 7.3 级地震前一两个月观察到很多宏观异常现象,这些宏观异常是成功预测海城地震的重要依据之一。宏观前兆现象观测已成为我国地震监测预测探索的一大特色。

2. 地震监测台网

成功预测地震的前提和基础,是必须具备相当的监测能力。目前,我国已经建成包括测震、形变、电磁、流体四大学科,共有二十余种观测手段的地震监测台网,测点基本覆盖了中国主要地区。并有由短波、超短波电台组成的地震数据信息通信网络。它们不仅具有专群共同监测的特色,而且,基本实现了数字化、网络化,地震观测技术也已跻身于世界先进行列。

特别是近年来全国又建立了上千个 GPS(全球定位系统)观测点,已经使得我国的地震监测台网成为一个从空间到地表、从浅表到深部、从全国到局部、对地震活动构成多方位的立体化监测体系(见图 6.6)。

中国地震台网中心作为这个立体化监测体系的核心,承担着全国的地震监测、地震中短

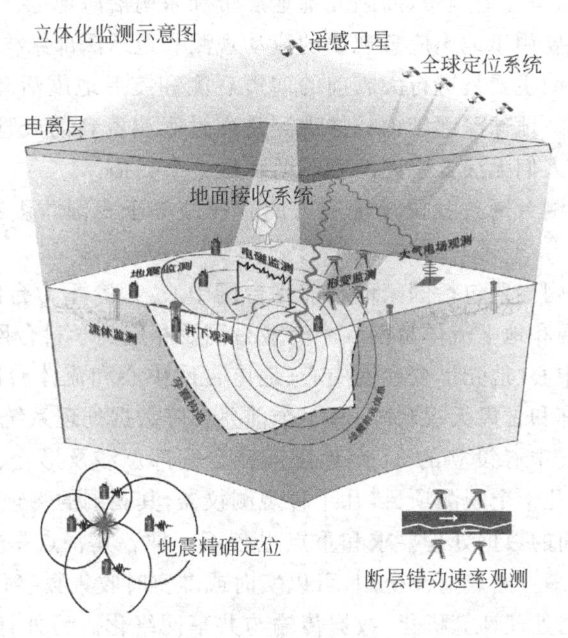

图 6.6　立体化监测系统示意图

期预测和地震速报；国务院抗震救灾指挥部应急响应和指挥决策技术系统的建设和运行；全国各级地震台网的业务指导和管理；各类地震监测数据的汇集、处理与服务；地震信息网络和通信服务以及地震科技情报研究与地震科技期刊管理等。是我国防震减灾工作的重要业务枢纽、核心技术平台和基础信息国际交流的重要窗口。它包括数字地震监测台网、数字地震前兆监测台网和地震监测台站(点)。

数字地震监测台网是由国家地震台网、区域地震台网和流动地震台网 3 个层次构成的测震监测系统。它的主要功能是监控我国的地震和构造活动,服务于我国地震监测预报与地球科学研究,完成大震速报任务。它的地震监控能力实现了：全国监控能力可达 $M_L \geqslant 4.0$ 级地震(速报时间是 20～25min),东部重要省会城市及其附近的监控能力可达 $M_L \geqslant 1.5$ 级～2.0 级(速报时间是 10～15min),首都圈地区具有监控 $M_L \geqslant 1.0$ 级～1.5 级地震的能力(速报时间是 5～10min)。

其中国家地震台网主要是对我国境内及周边地震和构造活动进行监控,完成大震速报,并为破坏性地震中长期预测提供服务。由全国的 49 个数字化地震台组成,通过卫星、因特网实现实时数据传输。其中有 11 个台站(北京、佘山、牡丹江、海拉尔、乌鲁木齐、拉萨、琼中、恩施、兰州、昆明和西安)同时属于全球地震台网,主要用于控制全球大尺度的地震和构造活动,服务于全球地震监测与地球科学研究。

区域地震台网主要对人口稠密地区和地震多发区进行地震监测,以减少这些地区因地震造成的损失。它由 26 个区域遥测地震台网和首都圈数字地震台网组成,遥测地震台网主要分布在南北地震带、华北地震带、新疆北部地震带和东南沿海地区。

流动地震台网主要用于地震应急现场的流动观测和地球深部结构成像的分区观测。地震应急现场的流动观测主要是进行大震前的前震观测和震后地震活动性监测,为判断震情的发展趋势提供依据。地球深部结构成像观测是通过观测资料的处理对地球深部(几十千米～上千千米)结构、人们无法觉察到的微震活动做一个扫描。

数字地震前兆监测台网是我国规模最大的直接服务于我国防震减灾事业的地震监测台网。

数字地震前兆台网主要包括国家地震前兆台网中心,国家重力台网、国家地磁台网、地壳形变台网、地电台网和地下流体台网5个专业台网及相应的学科台网中心(国家重力台网中心、国家地磁台网中心、地壳形变台网中心、地电台网中心和流体台网中心),两个地震前兆台阵(四川西昌台阵和甘肃天祝台阵)和1个前兆台阵数据处理系统,以及全国各省、自治区、直辖市的防震减灾中心设立的31个地震前兆台网部。涉及形变、流体、电磁等三个学科、十多个观测手段,几十个观测项目,几十种观测仪器,其观测的物理量和仪器测量原理各不相同,观测手段之间的数据处理要求和重点也各不一样。其特点是规模大、覆盖面广、观测项目和仪器种类繁多。测点遍及全国,可以实时或准实时收集数字化的地球物理、地球化学观测数据,实现数据处理计算机化,数据传输与共享网络化。另外,数字地震前兆台网还包括流动重力测点、地磁测点和GPS观测站。

地震监测台站(点)是构成地震监测台网的最小单位,是地震监测工作的第一线,广大的地震监测技术人员像医生一样,日以继夜地坚守在岗位上为地球"号脉",克服生活的艰苦和寂寞,为捕捉那些区域性极强、信息量极小的各种地震异常信息,保卫人民生命财产的安全而精心、努力地工作着。

6.4 地震预测及其工作程序

6.4.1 地震预测

能否实现地震预测,一直是人类关心的焦点问题之一。实现地震预测则是地球科学研究的宏伟目标。就预测的思路而言,目前主要有两种地震预测方法:理论性和经验性方法。

理论性方法。根据一定的理论模型,推导各种可能的前兆及不同前兆之间的关系,然后通过各种实践的检验来修改模型。但这种方法现在还很难对地震预测给出实用性指导。

经验性方法。通过搜集地震震例,从地震发生前出现的异常现象中提取地震发生的前兆信息并加以综合,总结出经验性规律推广、应用于对未来地震的预测。我国曾经运用这种预测方法,成功地预测了1975年2月4日发生在辽宁海城的7.3级地震,这被誉为地震科学史上的奇迹。

就预测的依据而言，预测方法大体有三种途径：地震地质、地震统计、地震前兆。

地震地质　地震发生在地壳中上层，故认定地震应属于地质过程。研究已发生的大地震的地质构造特点，应有助于判定何处具备今后发生大地震的地质背景。例如，中国地质学家，地质力学的创始人李四光先生强调在研究地质构造活动性的基础上，观察地应力的变化，以实现地震预测的方向。李四光先生不仅在1966年河北邢台7.2级地震后，根据在地质构造活动性方面的研究成果，成功预测了1967年河北廊坊大城6.3级地震、1969年渤海7.4级、1970年通海7.7级地震和四川大邑6.2级地震。而且在1967年就预测辽宁海城一带、河北唐山一带都是地震危险区，1975年和1976年果然发生了大地震。另外，1970年在李四光先生的指导下，一份属国内首创的1∶400万《中国主要构造体系与震中分布图》编制完成，图内标出地震危险区的地带或地段。此图不仅为我国国民经济建设规划布局和地震监测布局提供了科学依据。而且，在20世纪70年代我国共发生的14次7级以上地震中，有10次发生在该图预测的危险区域或边缘；2005年江西九江的5.7级地震也发生在该图预测的危险区边缘。预测准确率之高是历史上罕见的。这些都证明采用地震地质途径预测地震是可行的、值得提倡的方法之一。

但也有不少例外，如在地震发生前，地质构造往往不甚明朗，震后才发现有某个断层，认为与地震有关。

地震统计　对过去已发生的地震，运用数理统计方法，从中发现地震发生的规律，特别是时间序列的规律，根据过去推测未来。此法把地震问题归结为数学问题。因需要对大量地震资料作统计，研究的区域往往过大，所以判定地震的地点有困难，而且外推常常不准确。例如，1975年2月4日19时36分，辽宁海城7.3级强烈地震前4天左右时间，在震中附近地区，发生中小地震500多次，最大地震4.7级；地震的活动范围在距震中5km以内；且在大震前12小时出现小震平静现象。时间序列上表现出的明显密集—平静—地震发生的阶段性特征，成为辽宁海城7.3级强烈地震成功预测的主要依据之一。这种时间序列上表现出的震前地震异常统计结果，也是1999年11月29日12时10分，辽宁省岫岩5.4级地震的成功预测的依据。当然，地震发生的原因是复杂的，不会每个地震前都会出现这种时间序列上的统计特征。

地震前兆　地震是地球介质的破裂引起的，故认定地震应属于物理过程。观测地球物理场各种参量以及地下水等异常变化，可能找到有用的地震前兆。前兆研究中的最大困难是，观测中常遇到各种天然的和人为的干扰，而所谓的前兆与地震的对应往往也是经验性的。目前尚未发现一种普遍适用的可靠的前兆。正如上述事例所反映的：1966年邢台6.8级地震总结的地震异常经验“小震闹，大震到”，虽然在1975年海城7.3级、1999年岫岩5.4级地震的临震预测中起了作用，但在1976年唐山7.8级、2008年汶川8.0级大地震前却没有这种反应。所以，不能将其认定为是一种普遍适用的可靠的前兆。

以上3种途径都有其局限性，都不能独立地解决地震预测问题。三者必须相互结合、相互补充，才能取得较好的预测效果，即必须采取综合预测方法。

6.4.2 地震预测的工作程序与内容

地震预测是根据地震地质、地震活动性、地震前兆异常和环境因素等多种手段的研究成果综合地震前兆监测信息对未来可能发生的地震进行预测的现代减灾科学。故称其为地震综合预测。

地震综合预测工作是从地震监测、大震考察、野外地质调查、地球物理勘探、室内实验研究等多方面对地震发生的条件、规律、前兆、机理、预测方法及对策等进行研究的工作。通过长期的经验总结和研究，我国的地震综合预测工作基本上形成了“长、中、短、临”的阶段性渐进式地震预测的科学思路和工作程序。具体的工作程序与内容见图6.7。

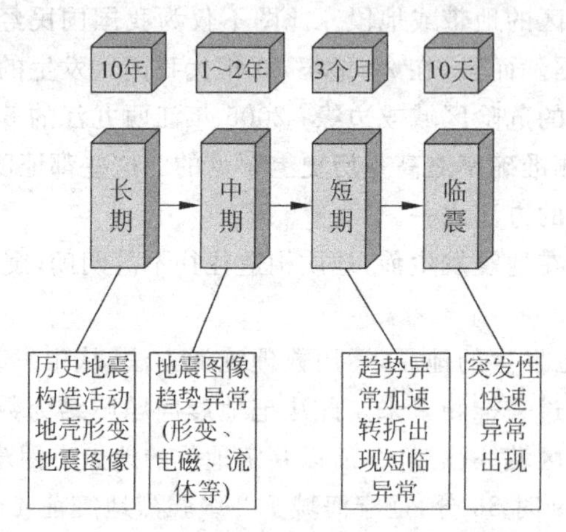

图6.7 地震综合预报工作程序及内容

长期预测 依据对研究区域内的历史地震活动资料的统计分析，对地质构造活动、其他地球物理场的变化、地壳形变的观测研究，并考虑天体运动、地球自转等因素对数年至一二十年内强震活动的地区与强度进行趋势预测，划分监测重点区为地震形势预测提供背景。

中期预测 依据各种前兆趋势异常的时空分布特征及其时空演变特点，考虑研究区的地震地质构造、历史地震情况，对地震趋势进行综合分析与判定，预测一二年内地震活动的趋势、水平、强度，圈定地震危险区为短期预测提供依据。

短期预测 继续追踪监视研究区的中期与短期异常的发展变化，进一步核定与分析各类异常的特征量，缩小预测区范围，进一步判定与修正对地震三要素的预测，为临震预测提供前提。

临震预测 在短期预测基础上，注意研究区内的突发性的异常特征和一定数量与范围的宏观异常现象，继续修正已预测的地震三要素，使预测时间缩短到一个月到一周内，预测范围缩小至100～200km；尽量减小预测误差，为临震决策提供科学依据。

震后趋势预测　在中强以上地震发生后，对震区及邻区在短期内（一般几天至几十天）的地震趋势与强余震活动作预测，服务于救灾、防灾与震后恢复工作。

注意：地震综合预测意见只能根据我国《防震减灾法》（2008 年 12 月 27 日修订）第 29 条规定按发布权限发布，否则视为违法行为。

6.4.3　地震预测现状

国际地震预测现状　地震预测具有强烈的社会需求性和巨大的科学探索性两大属性。它从一开始就是一个有争议的问题，特别是在经过数十年探索研究仍未解决的情况下，围绕着地震能不能预测的问题，争议更为激烈。1996 年，盖勒等人在《自然》和《科学》等杂志上连续发表文章，提出地震不能预测，随即韦斯等人针锋相对地发表了反驳文章，国际地震学界爆发了一场迄今为止最为激烈的争论，吸引了国际科学界的广泛关注。这场争论，一方面向地震科学提出挑战，另一方面在争论中也提出了大量的科学问题。地震预测正酝酿着新的探索方向，并在某些问题上逐步达成共识。这些问题包括：①地震预测探索的重点，②大陆强震成因的动力学研究，③震源区的研究，④经验性预测，⑤地震观测等。

另一方面，目前一系列全球性重大地球科学计划的实施将为地震预测研究提供新的基础。在地震学研究方面，继法国的"地球透镜计划"和日本的"海神计划"之后，美国最近酝酿为期 15 年的"地球透镜计划"，以发展地震科学、促进地震科学在减轻地震灾害中的应用为目标。最近 10 年来，美国开展和正在酝酿开展的"洛杉矶地区地震试验"和"美国台阵项目"、"板块边界观测计划"、"圣安德烈斯断层深部观测"等更是直接围绕着与地震孕育发生相关联的一系列重要的科学问题开展研究。其中包括与地震成因直接联系的深部隐伏断层的探测及其活动性判定，地震孕育的深浅部构造，板块边界带的运动变形、应变速率、地震复发模型，以及通过深钻对圣安德烈斯断层带上大地震震源区结构、物性、变形、应力状态和流体蕴存等的直接探测。毋庸置疑，这些基础性很强的研究计划，都将逐步为地震预报奠定重要的基础。

总之，尽管存在各种争论，但各国对地震预测研究本身是非常重视的，经过几十年的努力，各国地震专家积累了大量的前兆震例资料，在地震的长、中期预测上取得了不少进展。也越来越认识到地震预测远比原先预料的困难得多，意识到原先没有发现的地震现象的复杂性。当前，国际上在地震预测研究方面的发展具有四个主要特点：①强调新的观测技术，特别是宽频带数字化观测技术和 GPS 观测技术的应用，以提高对地球内部结构、地下介质特性、地壳运动的分辨能力；②强调对地震破裂、断裂活动等基础理论研究，对地震"前兆"现象的统计规律的理论和模型的探索研究；③加强地震监测预测试验场建设，强调针对区域性构造变形特征，开展多学科的综合性试验研究；④构建理论模型和数值模拟，用理论模型分析解释观测现象，并根据实际调整理论模型，建立具有物理意义和预测功能的地震动力学模型。

我国地震监测预测的成功案例　我国的地震监测预测始于 1966 年邢台地震之后，经过近50年的地震前兆资料积累、研究和实践,目前地震预测水平的状况可以概括为,“我们对地震孕育发生的原理、规律有所认识,但还没有完全认识;我们能够对某些类型的地震作出一定程度的预测,但还不能预测所有的地震,我们作出的较大时间尺度的中长期预测已有一定的可信度(准确率大概是30%左右),但短临预测的成功率还相对较低”,离社会需求还有很大距离。表6.2所示为20世纪90年代我国较成功的地震短临预测实例。

表6.2 20世纪90年代我国较成功的地震短临预报实例(震级不低于5.5级)

序号	地震			预测性质	主要依据
	时间	地点	震级		
1	1994.2.12	青海共和	5.8	短临预报成功	地温、地下流体、电磁波、地倾斜、地震活动
2	1994.9.24	青海共和	5.5	短临预报成功	地温、地下流体、电磁波、地震活动
3	1995.7.12	云南孟连	7.3	短临预报成功	地震活动、序列特征、地热、地下水、水化、形变等
4	1996.12.21	四川白玉—巴塘	5.5	中、短临预报成功	水温、氮(N_2)、二氧化碳(CO_2)、压容压力、地电、地倾斜、地磁低点位移等
5	1997.1.30	云南江城	5.5	提出短期预测意见	3级以上地震增多,地震窗、波速比、水氡、水温、水位、磁偏角、形变、气压场异常等
6	1997.4.6	新疆伽师	6.4	作出临震预测	地震序列参数、小震平静、地倾斜、地磁
7	1997.4.13 1997.4.16	新疆伽师	5.5 6.3	作出短临震预测	地震活动、应变、电磁
8	1998.8.25	西藏申扎—谢通门	6.0	震前1个月作出短期预测	地质构造、历史地震、地震序列
9	1998.11.19	云南宁蒗	6.2	震前半个月作出短期预测	地震序列、宏观前兆
10	2000.1.15	云南姚安	6.5	震前3个月作出短期预测	地震活动、宏观前兆、电磁、形变
11	2000.1.27	云南丘北、弥勒间	5.5	震前作出准确短期预测	地震序列、水位、水氡、电磁
12	2000.6.6	甘肃景泰、白云间	5.9	震前2个月作出短期预测	地震活动、形变、重力
13	2000.9.12	青海兴海、玛多间	6.6	震前作出短期预测	地震活动、电磁、形变

我国地震监测预报的不成功案例 这是在错综复杂的特定政治背景、社会环境、技术水平和认识水平等多种因素制约下发生的一次后果严重的错误地震预测。1976年10月8日

凌晨4时20分，陕西省抗震救灾指挥部在没有弄清楚原因的情况下，主要根据临潼地震台水氡异常和西安地震台地电阻率异常，向全社会发布了地震短临预报意见，并在持续了整整半年仍没有等到不希望发生的预期地震之后，于1977年4月2日宣告解除。这次预报的影响范围不仅包括整个关中，而且波及陕南和陕北，对陕西的工农业生产、群众的居家生活和精神、心理造成极大的负面影响，可以称得上是灾害，这种灾害造成的人身伤亡和财产损失不亚于近年来发生在我国的许多6级左右地震。

这件事也告诫我们①对于各种异常现象，一定要彻底查个水落石出，一时弄不明白，千万不能轻易下结论；②发布地震预报，应考虑是可能发生的地震造成的灾害严重，还是预报失败所造成的的损失严重，要在权衡利弊得失之后，再作出是否发布预报的决策；③平时做好地震知识宣传，不仅可以排除干扰和掌握可靠的震情资料，还能极大地解除群众的恐震心理和避免不必要的财产损失，对安定团结的社会秩序也将颇有裨益；④地震预报一旦发布，一定要采取相应的应急措施，即使不发生地震，也应做好宣传组织工作，尽可能杜绝或减小由于发布了地震预报而可能造成的伤亡灾难和经济损失。

可见，地震预报是一件具有复杂性的工作，干扰与地震异常往往会并存，真实的地震异常的识别是做好地震预报的前提。

地震预测仍是世界科学难题　迄今为止，地震学家们尚未找到一种确定性的地震前兆，可以在所有大地震之前被无一例外地观测到；并且一旦出现这种异常现象，必无一例外地发生大地震。相反，地震前兆的出现常因地而异，甚至在同一地区的不同地震发生之前，地震前兆现象也有很大差异。

再者，由于地球内部的“不可入性”，人们不能深入到地球内部，在震源区安装观测装置，直接研究地震的成因。目前最深的钻井是俄罗斯科拉半岛的超深钻井，达10km；正在德捷边境附近进行的“德国大陆深钻计划”，预定钻探15km。然而这和地球半径6371km相比，不过是“皮毛”而已，而且这也解决不了直接对震源进行观测的问题。

此外，虽然地球上每天都有地震发生，但不是每天都有大地震。大地震的复发时间比人的寿命和有现代仪器观测以来的时间长得多，也限制了地震学家在对现象的观测和对经验规律认知上的进展。地震学家们只能利用在地球表面和距地球表面很浅的地球内部的观测台网进行观测，而获取的资料是很不完整、很不充足、有时甚至是很不准确的。

正是由于地震事件存在的这种“复杂性、不可入性和小概率性”，使其成为现今世界公认的科学难题。

但是，随着数量空前的高质量地震数据的迅速积累、实时处理和对其的广泛深入研究，随着地震学研究与大地测量及其他地球物理观测研究的交叉渗透，人们对于地球内部的构造、运动和动力演化会取得更深入准确的认识。可以预见，这一切必将使人们对地震成因的研究取得重大进展，使地震前兆监测建立在坚实的理论和实验探测基础之上，从而最终实现对地震的科学预测。

习题 6

1. 名词解释

地震前兆　宏观地震前兆　微观地震前兆　地震监测　地震预测　地震预报
地震预测三要素　长期地震预测　中期地震预测　短临地震预测

2. 简答题

(1) 地震预测三要素是什么？
(2) 什么是地震前兆？如何对地震前兆进行分类？
(3) 宏观地震前兆包括哪些方面的自然现象？
(4) 微观地震前兆包括哪些物理量的变化？
(5) 我国地震监测工作分为哪几大学科？
(6) 我国地震监测工作主要有哪些手段？
(7) 我国地震监测工作的指导思想是什么？采用的方法是什么？
(8) 我国地震监测网包括哪几部分？
(9) 地震预测与地震预报的主要区别是什么？
(10) 什么是地震预测？为什么说地震预测是世界科学难题？
(11) 就预测思路而言，有哪些地震预测方法？简述方法内容。
(12) 就预测依据而言，有哪些地震预测途径？简述其内容。
(13) 简述我国进行地震预测的程序、内容及预测现状。
(14) 我国地震预报发布的规定是什么？

第7章

防震减灾

我国防震减灾工作的指导思想是“预防为主,防御与救助相结合”,它由“地震监测预报、震灾预防、应急救援和科技创新”三大工作体系构成。

7.1 防震减灾法律法规

7.1.1 防震减灾工作

防震减灾工作 防震减灾是防御与减轻地震灾害的简称,也是对地震监测预测、地震灾害预防、地震应急救援、地震灾后过渡性安置和恢复重建工作和活动的高度概括,即通常所说的“预测、预防、应急救援和灾后重建”。这是对我国几十年来的防震减灾经验教训的科学总结,表明我国地震工作进入了全面发展的新阶段。

防震减灾是国家公共安全的重要组成部分,属于社会管理和公共服务范畴,它与经济建设、社会发展、国家安全和社会稳定密切相关,即具有社会属性。

防震减灾工作方针 防震减灾工作是在各级人民政府领导下,以地震部门为主力军,各有关部门各司其职,密切配合,社会各界、广大民众积极参与的一项重要的社会防震减灾系统工程。

我国防震减灾工作的方针是“预防为主,防御与救助相结合”,这也就是防震减灾工作的指导思想。

“预防为主”是适用于各种灾害的指导思想,符合我国自古以来“预则立,不预则废”的理念;也是人民政府及有关部门或机构从事防震减灾工作所必需关注的工作重点。

“防御与救助相结合”的思想贯穿于防震减灾工作全过程。防御与救助必须相互结合,各级人民政府及有关部门或机构在此过程中起着主导作用，是工作是否取得成效的关键。

地震灾害预防是防震减灾的关键环节。它是指地震发生之前应做的防御性工作，包括工程性防御措施和非工程性防御措施两个方面。工程性防御措施是指对新建、扩建、改建工程必须按照抗震设防要求和工程建设强制性标准进行抗震设防。非工程性防御措施是指在增强全社会的防震减灾意识，提高避险、自救、互救的能力，以及组织开展抗震救灾准备等方面的灾害预防活动。

当前，主要应从以下两个方面来落实“预防为主，防御与救助相结合”的工作方针。

一是重点监视防御区的确立和监视能力的提高。重点监视防御区是指未来10～15年，存在发生破坏性地震危险或者受破坏性地震影响，可能造成严重地震灾害损失的地区和城市。它是通过中长期地震预测和震害预测，兼顾震情、灾情和社会发展来确定的，并应将防震减灾纳入社会发展规划，工作要做到“突出重点，全面防御”。如图7.1为1996—2005年全国地震重点监视防御区分布和震中分布图（东部$M\geqslant5.7$，西部$M\geqslant6.7$）。

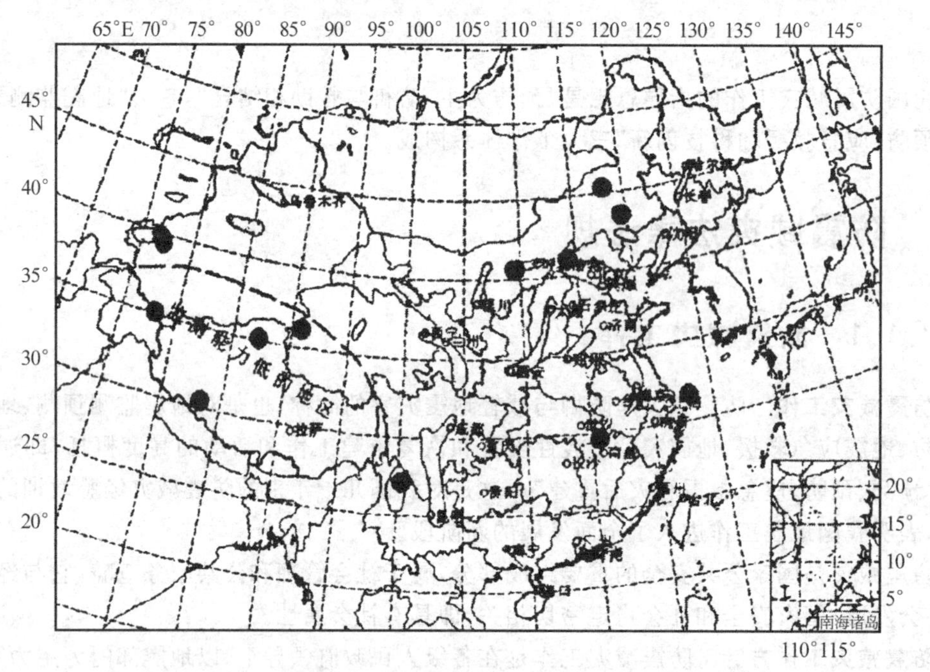

图7.1　1996—2005年全国地震重点监视防御区分布和浅源地震震中分布图（东部$M\geqslant5.7$，西部$M\geqslant6.7$）

重点监视防御区的工作主要包括：健全完善地震监测预报体系，提高监测预测能力，力争实现有减灾实效的地震预报；健全完善震灾预防体系，提高全社会防御地震灾害的能力。强化城市地震安全，实施农居地震安全工程；健全完善地震应急救援体系，提高应急反应和紧急救助能力。

二是做好防震减灾知识宣传。历史的经验告诉我们：遇到地震灾害时，有没有防震减灾意识和知识将导致绝对不同的结果。因此，国际上多地震的国家都非常重视防震减灾知识的宣传教育。如：

日本首相每年 9 月 1 日亲自带领官员进行地震和消防防御演习；

美国减灾部门要求定时定点进行科普知识宣传，发放印有“下一次地震可能在哪里?”“你准备好了吗?”等口号的宣传品；

印度有关部门印发大量宣传材料，如“做与不做”。

我国不仅颁布和修订了《中华人民共和国防震减灾法》(简称《防震减灾法》)、规定 5 月 12 日为我国的防灾减灾日，而且，大中小学开学的第一天一定要进行防震演习，以提高学生们的安全意识，让防震减灾真正成为一种深入人心的生活方式。

防震减灾工作原则　我国防震减灾工作的原则是规定各项具体法律法规的基本出发点，这对政府部门履行防震减灾工作职责和社会公众依法从事防震减灾活动具有明确的指导意义。具体包括以下 5 项原则。

一是与国民经济和社会发展相协调的原则。因为国家经济实力是防震减灾事业发展的物质基础，防震减灾能力的提高是国民经济和社会发展计划顺利实施的根本保证。

二是依靠科技进步的原则。科学技术的发展对于提高防震减灾能力和灾害应急管理能力有着关键性的作用。

三是加强政府领导和政府职能部门分工负责的原则。防震减灾工作的四个环节涉及社会的各个方面，只有在各级政府强有力的领导下，各环节才能有机地衔接、各职能部门和社会各方面才能协调一致，保证防震减灾工作高效顺利进行。“政府统一领导是关键，各部门各负其责、密切配合是根本”。

四是坚持面向社会、面向科技、面向经济、面向市场的原则。面向社会是由防震减灾的社会属性决定的，因此，它必须服务社会、依靠社会、加强社会管理。面向科技是坚持依靠科技的体现。面向经济是指防震减灾工作要服从于、服务于经济建设，增强服务能力。面向市场是指适应于市场经济体制的要求，按照市场规律运作，拓宽社会服务途径和领域。

五是社会公众广泛参与的原则。因为防震减灾工作是与每位公民的切身利益紧密相关的社会公益事业，故“参与”应是公民的法律义务。

7.1.2　防震减灾法律法规体系

防震减灾法律法规是规范全社会防御与减轻地震灾害活动的强大法律武器。每个公民都应该知法、守法，自觉依法参与防震减灾活动。

1997 年 12 月颁布、1998 年 3 月 1 日起实施的《中华人民共和国防震减灾法》是我国第一部规范和调整全社会防御与减轻地震灾害活动及各种社会关系的法律，是从事地震监测预测、地震灾害预防、地震应急、震后救灾与重建活动必须遵守的行为准则。它的颁布和施行，是我国防震减灾法制建设的里程碑，标志着我国防震减灾活动从此进入了法制化管理的新阶段。

在此次颁布施行《防震减灾法》前后，我国还先后发布了一系列防震减灾法规(表 7.1)。

如：为了保护地震监测设施及其观测环境不受破坏和干扰，国务院发布的《地震监测设施和观测环境保护条例》(1994 年 1 月 10 日)等。同时，中国地震局也以局长令的形式，先后发布了相应的规章，全国各省、区、市也制定了相应的地方法规和政府规章。这些构成了我国防震减灾的法律法规体系。这个体系是以宪法为核心，以法律为主干，包括行政法规、地方性法规等规范性文件，由七个法律部门、三个层次法律规范构成的法律体系。

表 7.1 (现阶段)中华人民共和国防震减灾法律法规体系情况

类别	法律	全国性法规	全国性规章
颁布单位	全国人大、人大常委会	国务院、各省及各大中城市人大	国务院直属部门
名称	《防震减灾法》		
分类名称	总则		地震规章制定程序规定(2000.1.13)
	地震监测与预报	地震监测管理条例(2004.6.17) 地震预报管理条例(1998.12.17)	
	地震灾害预防	地震安全性评价管理条例(2000.11.15) 地震动参数区划图(GB 18306—2001)	地震安全性评价资质管理办法(2002.2.25) 建设工程抗震设防要求管理规定(2002.1.28) 超高层建筑工程抗震设防管理暂行规定(1997.12.13)建设部
	地震应急	破坏性地震应急条例(1995.2.11)	国家破坏性地震应急预案(1996.12.15)国务院办公厅 地震现场工作规定(试行)(2000.3.15)
	震后救灾与重建		震后地震趋势判定公布规定(1998.12.28) 地震灾害损失评估规定(文件)(1997.8.7)
	法律责任		地震行政执法规定(1999.8.10) 地震行政复议规定(1999.8.10) 地震行政法制监督规定(2000.1.18)

注：全国性规章中未注明颁布单位的规章，其颁布单位为国家地震局。

1997 年颁布的《防震减灾法》明确了防震减灾工作实行预防为主、防御与救助相结合的方针，并对地震监测预测、地震灾害预防、地震应急三大工作体系作了规定。这些规定，对防御和减轻地震灾害，保护人民生命和财产安全，保障社会主义建设顺利进行，发挥了十分积极的作用。但是，随着经济社会的发展，相同单位国土面积上的经济总量越来越大，人口密度越来越高，特别是 2008 年发生的汶川特大地震反映出防震减灾工作遇到的一些新问题，1997 年版防震减灾法的一些规定已不能适应形势变化的需要。2008 年 10 月开始对 1997 年颁布的《中华人民共和国防震减灾法》进行修订，于 2008 年 12 月 27 日中华人民共和国第十一届全国人民代表大会常务委员会第六次会议通过并颁布，自 2009 年 5 月 1 日起施行。

此次修订的思路是：在及时总结防震减灾工作经验的基础上，按照科学发展观的要求，对 1997 年版防震减灾法实施过程中行之有效的法律制度予以完善，对不适应新形势需要的法律制度予以修改，对当前防震减灾工作的成功做法，特别是对四川汶川抗震救灾的成功做法予以制度化，进一步强化地震灾害防御体系建设，提高防震减灾专业队伍的服务水平、建设工程的抗震设防水平、政府统一领导防震减灾工作的能力、民众应对地震灾害的能力，减少地震灾害造成的损失。为此，重点对防震减灾规划、地震监测预报、地震灾害预防、地震应急救援、震后恢复重建等做了修改、完善，新增了地震灾后过渡性安置和监督管理等方面的内容；同时，为了有效遏制违法行为，还对1997年版防震减灾法规定的法律责任做了补充、修改和完善，对有关人民政府、地震工作部门以及单位、个人的违法行为，设定了相应的法律责任。

7.1.3 《防震减灾法》(2008.12.27)

《防震减灾法》的立法宗旨 立法宗旨是为了调整社会各个方面在防震减灾活动中的社会关系，以明确各级人民政府及其各职能部门的职权和职责，明确任何单位和公民个人在防震减灾活动中的权利和义务；并通过立法，明确规定国家对防震减灾工作的方针，明确规定国家对防震减灾活动有关问题的政策。立法目的是“为了防御与减轻地震灾害，保护人民生命和财产安全，促进经济社会的可持续发展”。

《防震减灾法》的调整对象 调整的社会关系只限于防震减灾工作四个环节中的工作和活动中所涉及的社会关系。如规范了各级人民政府及有关部门在防震减灾工作中的权利、职责，社会团体、公民在防震减灾中的权利、义务、职责等，以利于防震减灾工作的顺利进行。

《防震减灾法》的空间适用范围 空间适用范围是中华人民共和国领域和中华人民共和国管辖的其他海域。但不适用于香港、澳门特别行政区。

《防震减灾法》 《防震减灾法》(具体内容见附录A)包括总则、防震减灾规划、地震监测预报、地震灾害预防、地震应急救援、地震灾后过渡性安置和恢复重建、监督管理、法律责任和附则，共9章93条。

第1章为总则，说明了《防震减灾法》的立法目的、宗旨、适用范围，防震减灾工作的方针、原则等。第2～5章分别具体规定了防震减灾四个环节工作应遵守的法律法规。第6、7章具体规定了地震灾后过渡性安置和监督管理工作的内容和方法。第8章为法律责任，明确了行为人或单位的法律责任。第9章为附则，说明了此法中一些用语的含义，指出此法施行的开始日期为2009年5月1日。

7.1.4 《防震减灾法》在政府履行社会管理职能中的作用

灾害管理是政府的一项重要职能。20世纪90年代以来，国际社会形成了一个共识：在自然灾害发生之前能否采取积极的防御措施，在自然灾害突然袭击时能否迅速开展应急救援，在灾后能否高效地开展灾区的恢复和重建工作，是衡量政府的效能和社会文明程度的重要标志。随着社会经济的发展和人口的城市化，联合国也适时地提出“满怀信心建设21世纪的更安全的世界”的口号,把“灾害管理”提升到“国家安全”的更高层次。所以,国家安全不再是传统意义上的概念,它也包括公共卫生、社会突发事件和重大自然灾害,更加强调政府的社会管理和公共服务职能。

《防震减灾法》在社会发展与政府公共事务服务职能中的作用。在众多自然灾害中,地震是群灾之首。我国是一个多震的国家,地震造成的破坏、损失等极大地影响着国家安全。所以,《防震减灾法》的建立和实施将在政府的社会管理和公共服务职能中起到如下作用:

(1) 强化各级人民政府灾害管理的综合协调职能;

(2) 推动防灾的外延管理工作;

(3) 促进灾害的规范化管理;

(4) 增强公民的防灾减灾意识。

7.1.5 地震谣言

地震预报发布权限的规定 《防震减灾法》(修订)第29条明确规定,“国家对地震预报意见实行统一发布制度”,“全国范围内的地震长期和中期预报意见,由国务院发布。省、自治区、直辖市行政区域内的地震预报意见,由省、自治区、直辖市人民政府按照国务院规定的程序发布”,“除发表本人或者本单位对长期、中期地震活动趋势的研究成果及进行相关学术交流外,任何单位和个人不得向社会散布地震预报意见及其评审结果”。

国务院1998年12月17日以第255号令发布的《地震预报管理条例》中明确规定:“地震预报一般由省级人民政府发布,情况紧张时,可由市、县人民政府发布48小时内的临震警报,并同时向上级报告。首都地区的地震预报则由中国地震局负责提出,经国务院批准后,再由北京市人民政府向社会发布。其他任何单位和个人都无权发布地震预报”(表7.2表明了各类地震预报的发布权限)。但这不意味着单位或者个人的发现就失去了报告渠道,对于通过研究提出的地震预测意见,单位或个人应当向所在地或者所预报地的政府地震主管部门报告,还可以直接向国务院地震主管部门报告。而观测到的宏观异常现象也可以通过上述渠道报告。

表7.2 地震预报的分类和发布权限

地震预报分类	各类地震预报含义	各类地震预报发布权限	备注
长期地震预报	对未来10年内可能发生破坏性地震的地域的预报	全国性的地震长期预报由国务院发布。省、自治区、直辖市行政区内的地震长期预报,由省、自治区、直辖市人民政府发布	国家对地震预报实行统一发布制度
中期地震预报	对未来一两年内可能发生破坏性地震的地域和地震强度的预报	全国性的地震中期预报由国务院发布。省、自治区、直辖市行政区内的地震中期预报,由省、自治区、直辖市人民政府发布	

续表

地震预报分类	各类地震预报含义	各类地震预报发布权限	备　注
短期预报	对3个月内将要发生地震的时间、地点、震级的预报	省、自治区、直辖市行政区内的地震短期预报，由省、自治区、直辖市人民政府发布	
临震预报	对10日内将要发生地震的时间、地点、震级的预报	省、自治区、直辖市行政区内的临震预报，由省、自治区、直辖市人民政府发布	

所以，我国的地震预报发布除了政府外，任何单位和个人无权公开发布关于地震预报的信息，包括地震部门、研究单位或工作人员，都不允许向社会透露、散布有关地震预报的消息。如果听到有将要发生地震的消息，只要不是政府正式公布的，千万不要相信，更不要传播和扩散，不管发布者是打着科学家还是研究部门的旗号。尤其是预测的地震发生地点、时间和震级越精确，就越加不可信。

地震预报管理、发布程序为：

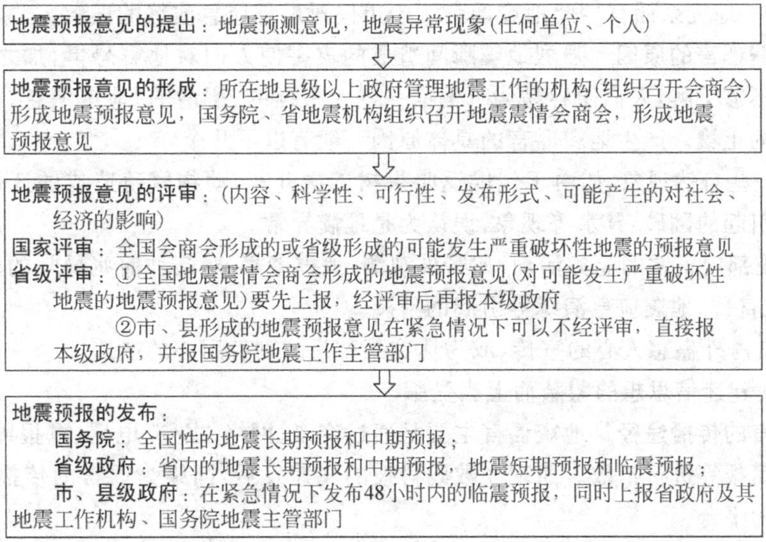

地震预报意见的提出：地震预测意见，地震异常现象(任何单位、个人)

⇩

地震预报意见的形成：所在地县级以上政府管理地震工作的机构(组织召开会商会)形成地震预报意见，国务院、省地震机构组织召开地震震情会商会，形成地震预报意见

⇩

地震预报意见的评审：(内容、科学性、可行性、发布形式、可能产生的对社会、经济的影响)
国家评审：全国会商会形成的或省级形成的可能发生严重破坏性地震的预报意见
省级评审：①全国地震震情会商会形成的地震预报意见(对可能发生严重破坏性地震的地震预报意见)要先上报，经评审后再报本级政府
②市、县形成的地震预报意见在紧急情况下可以不经评审，直接报本级政府，并报国务院地震工作主管部门

⇩

地震预报的发布：
国务院：全国性的地震长期预报和中期预报；
省级政府：省内的地震长期预报和中期预报，地震短期预报和临震预报；
市、县级政府：在紧急情况下发布48小时内的临震预报，同时上报省政府及其地震工作机构、国务院地震主管部门

地震谣言　由上述规定可知，只要不是政府公开发布的地震预报意见(如在社会或网络上流传的一些关于地震的“消息”)，都属于地震谣言，即指没有事实根据或缺乏科学依据的地震“消息”。

地震谣言主要有以下几个特征：

一是打着某专家的旗号或说是某地震机构的预报，不通过政府正常途径而是由小道传播；

二是带有封建迷信、伪科学或伴有离奇的传说；

三是称其“消息”是某某外国专家的预报意见；

四是“预报”的震级、时间、地点都很精确。

一个地震谣言，小则让不明真相者落荒而逃甚至跳楼，大则让一个城市陷入瘫痪。

1999 年 9 月 21 日台湾大地震，让福建沿海地区全面而迅猛地刮起了一股地震谣言的歪风。一个“本地 9 月 26 日要发生 8 级大地震”的地震传闻，犹如一颗重磅的原子弹在福建沿海地区炸开，一时间，家家户户电话声不断，手机因频道爆满而打不出去，谣传风越刮越猛，刮得人心惶惶，在“众口咸虎”的紧张氛围中，连一些稍具地震常识的人也乱了阵脚。造成了数以百万计的人离家出走“躲避”地震，正常的社会、经济秩序受到了严重的冲击。

2005 年 11 月，在社会上和网络中一直有哈尔滨市近期将发生地震的传言。此说法被广大市民竞相传播，人们抢购食物储藏、带帐篷户外过夜、市民纷纷拥至车站机场弃城而跑，混乱场面愈演愈烈……

2010 年 2 月 21 日凌晨，山西省太原、晋中等六地几十个县市的人们因一则简洁的短信：“家人们，明天早上 6 点以前太原地区有地震，请大家一定要注意，并转告身边的朋友们，切记!”人们纷纷走出家门，萎缩在寒风中等待地震的来临。在苦苦等待了几个小时后，等来的却是：“地震系谣言!”此地震谣言源于市民对地震应急演练的误解。

产生地震谣言的原因 强烈地震瞬间造成的灾害使人们对地震恐惧，加之对地震知识和相关法规不够了解，人们便容易偏听偏信一些无根据的、所谓的“地震消息”，这是地震谣言得以存在的土壤。产生地震谣言的具体原因一般有以下几个：

(1) 把一些自然现象，如由于气候返暖果树二次开花，动物繁殖造成的迁徙，春季大地复苏解冻而引起的翻砂、冒水等现象，误认为是地震异常。

(2) 地震部门正常的业务活动，如野外观测、地震考察、对某种前兆异常的落实、地震会商、防震减灾宣传、地震应急演练等引起的猜疑。

(3) 来自海外蛊惑人心的宣传，或为达到某种目的别有用心的造谣。

(4) 受封建迷信思想的蒙蔽而上当受骗。

地震谣言的传播途径 地震谣言主要是通过交谈、网络、书信、电话、电报以及海内外某些报纸消息简报等进行扩散。而现今数码科技的飞速发展，网络为谣言的传播提供了一个宽广而高速的平台。

地震谣言的鉴别

——只要不是政府正式发布的地震预报，就都不要相信。

《防震减灾法》明确规定，国家对地震预报意见实行统一发布制度，任何部门、单位和个人，都无权对外发布地震预报意见。

——凡是说“某某单位都已通知了要地震”都不可信。

如要发布地震预报，政府将采用一切措施迅速通知到震区的全体民众。

——凡是将发震时间“预报”到几天以内，甚至“精确”到几点几分者，肯定都是谣言。

到目前为止,全世界的地震预报都无法达到这样的精度。

——凡是将发震地点“预报”得十分具体(具体到××乡或××区)者,肯定都是谣言

到目前为止,全世界的地震预报都无法达到这样的精度。

——凡是贴有“洋标签”(即说国外××专家已预报)的地震传言肯定都是谣言。

目前的研究水平,不可能进行地震的“跨国预报”,也从来没有外国专家准确预报过中国的地震。

——凡带有迷信色彩的地震传言都是谣言。

听到地震谣言怎么办?

在地震谣言面前,一方面应认真分析其科学性、合理性和信息渠道的可靠性,或致电地震工作部门或正规媒体询问。另一方面为维护和谐、祥和的生活环境,自觉做到:

(1) 不相信　尽管地震预测尚未过关,但是有地震部门在进行监测研究,有政府部门在组织和部署有关防震减灾工作,因此不要相信毫无科学依据的地震谣言。

(2) 不传播　应当相信,只要政府知道破坏性地震将要发生,是绝对不会向人民群众隐瞒的。因此如果听到地震谣言,千万不要继续传播,对传播地震谣言者,国家会依法追究其法律责任。

(3) 及时报告　当听到地震传闻时,要及时向当地政府和地震部门反映,协助地震部门平息谣言。

(4) 不要随意散布　如果发现动物、植物或地下水异常时,应意识到出现这些异常的原因有很多,要及时向地震部门报告,不要随意散布,地震部门会采取措施及时进行调查核实。

7.2　防震减灾规划

防震减灾是国家公共安全的重要组成部分,是全面建设小康社会的重要保障,是科技型、社会性和基础性的公益事业,事关人民生命财产安全和经济社会可持续发展。制定防震减灾规划,是增强防震减灾能力的需要,是加强地震灾害预防,提高综合防震减灾能力的重要依据。

防震减灾规划是各级人民政府全面统一部署本行政区域一定时期内防震减灾工作的指导性文件,是政府依法加强领导,落实有关政策,协调各部门工作,动员社会力量,开展防震减灾工作的重要途径和手段。

防震减灾法中专设第二章(第 14 条～第 16 条),明确防震减灾规划的内容、编制和审批程序以及规划的效力和修改程序,特别是要求防震减灾规划应当对地震重点监视防御区的监测台网、震情跟踪、预防措施、应急准备等作出具体安排。

7.2.1　防震减灾规划的属性及其法定效力

防震减灾规划属于国民经济和社会发展规划中的专项规划,它是以国民经济和社会发

展特定领域为对象编制的规划，即以防震减灾为对象编制的规划。防震减灾规划是国民经济和社会发展总体规划在防震减灾领域的延伸和细化，是政府指导防震减灾领域发展以及审批、核准重大项目，安排政府投资和财政支出预算，制定防震减灾领域相关政策的依据；对政府开展防震减灾工作具有指导作用。

防震减灾规划一经批准，就具有法定效力，任何单位和个人不得随意修改，以维护规划的权威性、严肃性。因此，规划的修改必须严格按照法定程序进行，应当按照原审批程序报送审批。

7.2.2 防震减灾规划的宗旨

防震减灾规划的宗旨主要是提高我国防震减灾公共服务水平，完善防震减灾社会管理技术和物质基础，重在提高全社会的防震减灾能力。它是政府履行社会管理和公共服务职能的重要内容。

7.2.3 防震减灾规划的编制、批准和组织实施

防震减灾规划的编制方式是国务院地震工作主管部门、县级以上地方人民政府负责管理地震工作的部门或者机构会同同级有关部门组织编制。防震减灾规划编制完成后，由组织编制的部门报同级人民政府批准后组织实施。根据国家规定，规划应当报同级人民政府审批。由于防震减灾规划是指导防震减灾工作发展并安排政府在防震减灾方面投资的依据，因此必须经政府批准后才能实施。规划经批准后，编制部门要及时对规划的主要目标和任务进行分解，明确责任，保障规划的实施落到实处。

截止到2009年5月，《国家防震减灾规划》已由国务院批准发布实施。全国31个省、自治区、直辖市均制定了本地区的防震减灾规划。全国333个地级行政区中有297个制定了防震减灾规划，2860个县级行政区中有713个制定了防震减灾规划。

7.2.4 防震减灾规划的编制原则和依据

编制防震减灾规划应当遵循统筹安排、突出重点、合理布局、全面预防的原则。

防震减灾规划的编制依据是震情和震害预测结果。震情是指有关地震活动和地震影响的情况。震害预测系指全国或某一地区在地震危险性分析、地震区划或小区划、工程建筑易损性分析的基础上，对未来某一时段因地震可能造成的人员伤亡、经济损失及其分布的估计。防震减灾规划的编制要充分考虑人民生命和财产安全及经济社会发展、资源环境保护等需要。

7.2.5 防震减灾规划的内容

防震减灾规划的内容需涵盖防震减灾的方方面面。基本内容包括：(1)规划编制的背

景以及本地区防震减灾工作现状；(2)编制的指导思想、原则及总体目标；(3)防震减灾工作体系建设；(4)防震减灾法律体系建设；(5)防震减灾基础设施与技术系统现代化建设；(6)防震减灾科学技术发展规划；(7)地震监测预报方案；(8)国土利用规划，新建、扩建工程的抗震设防，建筑物、构筑物的抗震加固、次生灾害防范等；(9)地震应急及紧急救援工作体系建设；(10)震后救灾与恢复重建准备；(11)防震减灾宣传教育等。

为贯彻预防为主的方针，防震减灾规划必须以震情和震害预测结果为基础，才能保证规划的目标、工作重点更具针对性，更为切合实际。编制防震减灾规划，应当对地震重点监视防御区的地震监测台网建设、震情跟踪、地震灾害预防措施、地震应急准备、防震减灾知识宣传教育等作出具体安排，以体现符合规划编制突出重点、合理布局的原则。

7.2.6 防震减灾规划编制的民主程序

根据《国务院关于加强国民经济和社会发展规划编制工作的若干意见》的规定，防震减灾规划报批前，组织编制机关应当征求有关部门、单位、专家和公众的意见。规划编制工作是一项复杂的系统工程，既涉及科学问题，也涉及法律、法规和政策问题，需要充分发挥各个方面专家的作用。规划草案形成后，要组织专家进行深入论证。规划经专家论证后，应当由专家出具论证报告。

防震减灾规划是社会各阶层需求的集中体现，必须提高规划编制的透明度和社会参与度，保障人民群众的知情权和参与权。应通过广播、电视、网站等多种媒体广泛传播，并接受各方的意见和建议，吸收民智、反映民意、贴近民生，使理解规划、拥护规划、执行规划成为公众的自觉意愿，可以大大提高规划的实施效率。

按照《国务院关于加强国民经济和社会发展规划编制工作的若干意见》要求，防震减灾规划报送审批文件时，应当报送规划编制说明、论证报告以及法律、行政法规规定需要报送的其他有关材料。其中，规划编制说明要载明规划编制过程，征求意见和规划衔接、专家论证的情况以及意见采纳情况及理由。

7.2.7 防震减灾规划的公布和修改

防震减灾规划经批准后应当对社会公布，这样做的原因一是确保社会公众对规划的知情权，可以保证公众的有效参与；二是确保社会公众对规划的参与权，保证公众的有效监督；三是确保社会公众对规划的监督权，有利于推动社会主义和谐社会的建设。实践证明，在规划编制、实施的过程中遵循公开民主的原则，便于公众对规划进行监督，保证规划的顺利实施。

防震减灾规划编制的依据是震情和震害预测，并要考虑经济社会发展情况。而以上这些要素并不是一成不变，而是动态变化的。因此，规划编制部门要根据震情形势变化和经济社会发展适时对规划进行调整和修订。

7.3 地震预警

7.3.1 什么是地震预警

所谓地震预警，是指在地震发生后，利用地震波传播速度小于电波传播速度的特点，提前对地震波尚未到达的地方进行预警。预警的条件有两个，一是地震已经发生了，二是有较好的信息判断该地震是一个具有破坏性的地震。

地震预警可以理解为：在地震发生以后，利用P波与S波速度差及P波与电磁波的速度差，通过电磁波与地震波"赛跑"，来赢取提前预警的时间。

典型的地震预警案例是2008年6月14日清晨，日本东北地区发生的里氏7.2级地震。由于日本气象厅及时发布了地震预警，故此次地震仅造成7人死亡、200多人受伤，伤亡率极低。据报道，日本气象厅在14日8时43分51秒监测到地震，3s后即在电视上发布地震预报：预计4s后将发生地震。但此时震中地点已经开始摇晃了。而距离震中30km以外的地方在地震摇晃发生之前十多秒得到了地震预报(2008年6月15日《环球时报》)。尽管日本气象厅的预警仅在地震发生前数秒钟内发出，但是由于人所具有的强大求生本能，有限的数秒钟也可发挥不可忽视的挽救生命的效用，为震中之外地方的人们争取到更多的逃生时间，从而可以有效降低地震发生对公众生命健康的损伤程度。

20世纪60年代，日本铁路系统研发了UREDAS系统。该系统利用一个地震台的观测资料，粗略判断地震的基本要素，如果监测到强震发生，该系统则通知高速列车采取制动措施，避免脱轨事故。

1989年，美国加州地震发生后，科研人员提出了该地震强余震的预警系统，即通过主震区较密集的地震台网监测余震，一旦有强余震发生，立即向大城市如奥克兰的建筑工人，尤其是高处工作的工人发送预警，工人可有20多秒的时间疏散到安全地带。

如果争取到了10s的预警时间，人们可以做哪些事呢？

10s可以让一些人躲到开阔地带，让在校学生躲入课桌下、墙角；可以让高速火车停靠下来，避免脱轨；可以让高速公路上的汽车有所准备，减少碰撞的发生；可以让高层作业的清洁工人进入屋内避难；可以让手术室的医生作出应对；可以停止危险品的生产。更重要的是，政府可以通过自动装置，暂停煤气、电、水、核电站、化工厂等的运行，避免次生灾害发生。而且离震中越远做准备的时间越长。

以"5·12"汶川大地震为例，地震波从震中映秀传播，到北川有一次比较大的能量释放，然后到达青川又有一次比较大的能量释放，前后跨越200多公里，耗时100多秒。若事先建立预警系统，地震扩散过程中，就可以及时提醒其他地方的人规避灾难。这些灾区的人员伤亡和经济损失或许不致如此惨重，尤其是学校，10s就可以跑出去不少孩子。

在地震这个领域，预警和预报是有特定内涵的，预警≠预报。

7.3.2 地震预警技术(系统)

地震预警原理 大家都知道地震波在近处传播主要有两种成分,一种是纵波(在地球内部传播速度约为7km/s),也称P波。另一种是横波(在地球内部传播速度约为4km/s),也称S波。地震发生最初时,跑得快的是强度较小的纵波,而破坏性更大的横波由于传播速度相对较慢,则会延后数十秒到达地表。比如,在距离震中80km以外,这个时间差就有10s。利用这10s时间,是可以采取一定的避让措施来减轻伤亡的。另外,相对电磁波每秒3×10^5km的传播速度来说,地震波的传播速度显然要慢得多。如果深入地下的探测仪器检测到纵波后传给计算机,即刻计算出震级、烈度、震源等大致信息,有关部门可以抢在横波到达地面前10余秒通过电视和广播发出警报。例如,你位于距震中60km以外的地方,当在震中位置的地震台地震后立即发出预警信号,即使是P波,也得过10s到达你所在位置,即可有10s的躲避时间;S波就更长了,可有将近18s的时间。完全可以采取一定的避让措施来减轻伤亡。

因此,如果能够利用实时监测台网获取的地震信息,并能对地震可能的破坏范围和程度作出快速评估,就可利用破坏性地震波到达之前的短暂时间发出预警。

地震预警系统 如上所述,地震预警是利用地震波本身传播特性的差异及地震波和电磁波传播的速度差异来发出地震警报的一种技术。而技术的实现必须依托于一个强大的地震监测网络。如有资料表明,日本的地震台网在每万平方公里有1000多台测震仪器,密度相当高,即具有较强的地震预警能力。另外,地震预警科学水平、政府的危机管理能力、应对灾害的社会素质三者都是实现地震预警的关键。

目前,仅有罗马尼亚、土耳其、墨西哥、日本和我国台湾省拥有投入使用的地震预警系统。一般来说,开发地震预警系统的地区,具有"地震发生频繁;有较强经济实力;设防区域小,预警价值高"的特点。

地震预警系统由地震监测系统、通信系统、中央处理控制系统和对用户的警报系统4个部分组成。每一部分的处理时间和与地震波走时之差形成了最终的预警时间。

日本的地震台网非常密集,总共有1200多个地震台,相当于每隔7~10km就有一个地震台,具有很好的实施地震预警条件。日本气象厅在2007年宣布建成了大地震预警系统,从10月1日起对具有破坏力较强的S波预警,开展地震预警服务。

这套复杂系统需要在极其短的时间里迅速判断地震的震中、大小及预测影响区域的地震动烈度,它分三个步骤,即:

地震发生后,距震中最近的地震台收到P波后,立即发出第一个预警,这是一个最初步的预警;

10s后,这时已经有2~3个地震台收到了地震的P波,也可能距震中最近的地震台已经收到了S波。发出第二次预警,这个预警比第一个预警的准确度要高得多;

20s以后,已经有2~3个地震台收到了地震的S波,更多的地震台已经收到了P波。发出第三次预警,这个预警已经比较准确了。要知道第三次预警时,P波已经传递了超过

120km,S 波已经传递了 70km。目的是利用这十几秒时间,对于地震后可能发生较大破坏的地区,尽最大努力来避险。

墨西哥与日本地震预警系统建设的思路一样,预警系统包含地震探测单元、无线电通信单元、中央控制单元和无线电报警单元等四个部分,其中探测单元由 15 个数字式强震仪组成,强震仪每隔 25km 设立于太平洋沿岸,阵组总长度 300km,每一强震仪配备有计算机,自动侦测半径 100km 内的地震及由初始 10s 的振动计算规模。若有规模大于 5 级的地震发生,则由无线电通信系统送信号至中央控制中心,当中央控制中心收到预警站送出的地震信号,则由无线电警报系统发出警号,声音的警告通过一般 AM/FM 的无线电台及设立于公共场所的警报接收器传递给墨西哥城市民。1995 年 9 月 14 日墨西哥城 320km 以外的格雷罗地区发生了 7.3 级地震,这一系统在地震 S 波到达墨西哥城前 72s 发出了地震警报。由于及时采取了防震措施,有效减少了人员的伤亡,起到了极为显著的防震减灾效果。根据统计,这一系统自 1991 年投入使用到 2000 年的 9 年间,曾成功地监测出 755 次 4～7.3 级的地震,减少了大量的生命财产损失。

地震预警作用 利用地震发生瞬间产生的地震波和电磁波传播速度不同造成的时间差,由先到的无线电信号进行预警,实施断开供电、燃气、易燃易爆和有毒有害等危险设备,关闭电梯、疏散人员,制动高速行驶列车,管制交通,关闭海岸防波闸,预警海啸等手段,以避免地震波到达时引起的各种严重灾害。

一般来说,地震预警系统只对距离破裂断层 50～200km 的范围有效。对于 50km 以内的地区,即使发出预警可能也来不及反应;而对于 200km 以外的地区,地震产生的破坏可能又不严重,没有必要发出预警。

预警系统的原理决定了其提供的应急时间是有限的,故其适用范围和效果也是有限的。越是接近震中,能提供预警的时间就越短;距离震中越远,提供的预警时间越长,但意义也随之削弱。

地震预警中的问题 地震预警是由地震的最大振动和摇晃得来的,只有几秒到几十秒时间;震中并不是准确的,只是由最近的地震台来确定的。所以,可能会出现如下问题:

1. 预警可能会产生由于事故、雷电、设备故障的原因误报;

2. 评价地震预警系统成败的一个重要标志,是看其快速确定地震震级及震中位置的能力。虽然,目前快速计算的结果“误差已经相当小”,但是,由于地震发生的复杂性、地震预警要求的“快”速,可能会造成对地震大小、震源等信息的判断不一定完全准确,以致使特大地震预警的准确度和精度还存在较大误差;

3. 由于日本的地震预警系统主要对烈度大于等于Ⅴ级的地震比较敏感,而对于地震烈度的预测,还有赖于地震波传播衰减关系和场地效应的研究。

7.3.3 中国地震预警现状

我国的地震预警机制正处在探索阶段。参照国外恐怖袭击的分级制,中国也将地震灾害分为红、黄、蓝三级，其中红色为最高级。三级主要是按照地震发生时间长短来定义，但是这种三级预警制还处于尝试阶段。

汶川地震给我们提出了紧迫任务。虽然，我国幅员辽阔，地震台网的密集程度不可能像日本那么密集、建立全国范围的预警机制的必要性有待研究。但是，在地震重点监视区域，例如地震多发带的高速列车沿线、人群密集处等地方建立预警机制还是很必要的。同时必须从理论研究、技术研发和系统建设等多方面入手，力争能取得突破。

在2007年10月发布的《国家防震减灾规划(2006—2020年)》中，明确提出，要建立地震预警系统。其中，在2010年不仅要加强地震预警系统建设，而且要加强重大基础设施和生命线工程地震紧急处置示范工作。如中国地震局将在首都圈和兰州地区建立地震预警示范系统的计划在“5·12”汶川地震之后已经得到批准。

此外，其他一些省市也有意引入地震预警系统。据李小军博士介绍，陕西省和重庆市就相继在汶川大地震前后，着手与中国地震局工程力学所等机构商讨建立地震预警系统的技术方案。

少数重大工程设预警系统　目前，中国内地尚未建立规模性的城市和重大工程地震预警系统，仅在少数重大工程建立了小规模的地震报警系统或地震人工紧急处置系统。其中，广东大亚湾核电站1994年建成地震预警与紧急处置系统，当地振动超过给定的限值时，中心控制室将采取相应的紧急处置措施。此后，秦山核电站、岭澳核电站也相继建成了类似的地震预警与紧急处置系统。2007年，冀宁输气管线也建立了地震监测与报警系统。

青藏铁路是世界上海拔最高的铁路，据我国地震部门专家分析预测，西藏已进入自21世纪初以来的第三个地震活跃时段，并将持续到2014年前后，地震对青藏铁路可能产生的危害不容忽视。国家决定于“十一五”期间在青藏铁路(西藏段)沿线建设两个综合地震监测台网和GPS观测站，构成青藏铁路地震预警系统，为铁路的运行安全服务。2007年8月，那曲地震台阵作为地震预警系统的一部分已正式运行。铁路沿线一旦发生破坏性地震，根据实时监测台阵获取的地震信息就可以对地震破坏程度作出快速评价，并利用破坏性地震波到达重大基础设施和生命线工程场地前的短暂时间，有效地实施自动处置措施。

当然，我国与日本相比在地震预警方面存在一些差距，如首都圈地区以外区域的台网密度和监测力度还非常不足；技术上也存在局限，如地震发生后，只能用靠近震源的有限台站的初期信息来确定地震基本参数，信息的有限性会影响地震时间自动判别的可靠性和地震基本参数测定的准确性等，但这并不意味着不去探索。今天，我国经济有了较大发展，国力日渐强盛，无论从满足地震预警的硬件还是软件方面来看，都已经有充分的基础。

地震是我们面临的庞大的未知世界的一部分。今天，人类对其探索还谈不上照亮了一点或几点。但是，正如法布尔所说，如果我们从一个点到另一个点地移动探索之灯，随着一小片一小片的面目被认识清楚，我们最终也许能将地震的整体画面的某个局部拼制出来，因而有可能从地震预警走向地震预报。

7.4 地震应急救援

地震应急救援是防震减灾的一个重要环节，是最大限度地减轻地震灾害造成的人员伤亡，减少经济损失的重要举措，对于减轻地震灾害损失具有十分重要的作用。

地震应急是指地震发生前所做的应急准备、地震临震预报发布后的应急防范和地震灾害发生后的应急抢险救灾。

应急抢险救灾的时间主要集中在灾情发生后的10天内，其中最为黄金的抢救时间为灾害发生后的3天内，主要包括抢救生命、防范次生衍生灾害、受灾群众的心理危机干预启动等任务。

根据《中华人民共和国防震减灾法》规定，为了加强对破坏性地震应急活动的管理，减轻地震灾害损失，保障国家财产和公民人身、财产安全，维护社会秩序，1995年2月11日国务院令第172号发布《破坏性地震应急条例》(见附录B)，它是我国从事破坏性地震应急活动必须遵守的条例。条例规定地震应急工作实行政府领导、统一管理和分级、分部门负责的原则；各级人民政府应当加强地震应急的宣传、教育工作，提高社会防震减灾意识。该条例明确指出，“中国人民解放军和中国人民武装警察部队是地震应急工作的重要力量”，“任何组织和个人都有参加地震应急活动的义务”。

地震应急反应行动如何实施？如何做到有条不紊地、高效地实施？

7.4.1 震前应急准备

制定地震应急预案 地震应急预案是使政府和社会能够有目的地做好地震应急准备工作，保证高效、有序地开展地震应急防御和抢险救灾工作，防止次生灾害的发生或扩大，迅速恢复社会正常生产和生活秩序，最大限度地减轻地震灾害造成的人员伤亡，减少经济损失的地震应急行动方案。主要针对破坏性地震(指造成一定数量的人员伤亡和经济损失的地震事件)，故也称为破坏性地震应急预案。

根据《中华人民共和国防震减灾法》和《破坏性地震应急条例》的规定，破坏性地震应急预案主要包括下列内容：

(1) 应急机构的组成和职责，是应急预案能够实现的组织保证；

(2) 应急通信保障，是应急预案实施的重要条件；

(3) 抢险救援人员的组织和资金、物资的准备，是应急行动正常有效开展的物质基础；

(4) 应急、救助装备的准备，应急、救助技术和装备的优劣、多少和有无决定着应急救助的实效；

(5) 灾害评估准备，提供灾害损失快速评估，向抗震救灾指挥部及时提供灾情信息，是地方政府作出应急救灾部署和决策的重要前提和依据；

(6) 应急行动方案,是应急预案的核心内容。

地震应急预案可以按照上述内容,由国家、省市、城镇、县或系统、单位等制定适应各自地震应急需求的预案。

我国的地震应急预案体系已经基本建立。截至2007年年底,全国各级各类地震应急预案达17 300多件,其中31个省(区、市)、96.4%的市(地)、近70%的市(县)、4100多个乡(镇)人民政府编制修订了地震应急预案。

铁道部、商务部等18个部(委、办、局),510多个省级、860多个市级、830多个县级政府委(办、局)、1000多个各级地震部门编制修订了地震应急预案。

3000多个人口密集场所、近1600个企事业单位、3100多个街道、社区(村)编制修订了地震应急预案。基本建立了以《国家地震应急预案》为核心,条块结合、结构完整、管理相对规范的地震应急预案体系。

建立地震应急指挥系统　地震应急指挥系统是实施地震应急预案的机构,它包括地震应急组织机构和地震应急指挥技术系统。

地震应急组织机构由地震应急预案制定的主管单位及其相关单位构成。如国务院的抗震救灾组织体系见图7.2。

国务院抗震救灾组织体系

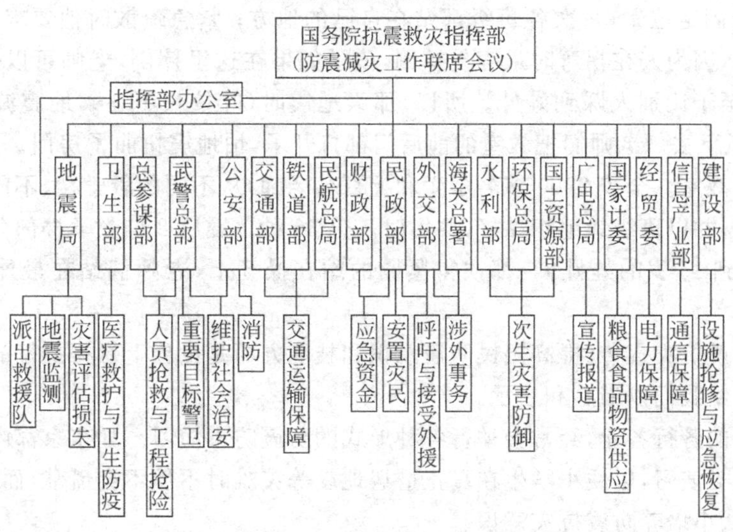

图7.2　国务院的抗震救灾组织体系

地震应急指挥技术系统具有如下功能:在地震发生后可自动触发,①实现地震震情、灾情、应急指挥决策的快速响应;②实现灾害损失的快速评估与动态跟踪、震后强余震趋势判断、应急辅助决策等功能;③实现中央与地方、后方指挥部与地震现场之间的信息图像传送、可视化指挥,使各级政府在抗震救灾中能够合理调度、科学决策、指挥到位。它是大震发生后国务院领导和有关部门指挥抗震救灾的支撑条件和工作平台。

我国在“十五”期间，已完成各省、自治区、直辖市的地震应急指挥技术系统建设，形成覆盖全国的国家、区域、重点城市、灾害现场的4级应急指挥技术系统，并作为国务院抗震救灾指挥部技术系统，显著提高了国家的应急响应能力。

例如，汶川特大地震后，在第一时间内，我国国家和灾区各省均启动了应急指挥技术系统，并在规定时间内发布了各种参数的初步计算结果，为领导指挥本次地震救灾工作提供了初步依据。实现了后方指挥部和前方随时的信息交换和视频交流、处理了大量有关信息，为各级领导及时和持续地提供了服务。

加强宣传、提高防震意识 生命对于我们来说是第一重要的，是否具有防震抗灾知识和防震意识，对于减少生命损失是极其重要的，2008年5月12日汶川8.0级特大地震发生时，四川安县桑枣中学在1分36秒全校全部撤离，地震后全校零伤亡的奇迹就是最有力的证明。

四川安县紧邻北川，距离特大地震震中90km，安县桑枣中学震后全校零伤亡的奇迹源于学校有一位防震意识极强的校长——叶志平。叶校长不仅对学校有问题的教学楼坚决加固，而且对新建楼严格要求，连外墙瓷砖都一定要用金属钉钉牢；不仅宣传防震，而且身体力行，每学期都要在全校组织一次紧急疏散的演习，学校规划好每个班的固定疏散路线和疏散到操场上的固定位置，每次各班级都站在自己的地方；紧急疏散时他要求教师站在各层的楼梯拐弯处，因为人在拐弯时最容易摔倒，孩子如果在这里摔倒，老师可以一把把孩子抓住提起来，不至于让别人踩到娃娃。所以，那天地震时(叶校长不在)，地震波一来，老师喊道：“所有人趴下去。”老师们把教室的前后门都打开了，怕地震扭曲了房门。震波一过学生们立即冲出了教室。全校2200多名学生和上百名老师，从不同的教学楼、不同的教室中，全部冲到操场上，并以班级为组织站好，共用时1分36秒。震后8栋教学楼部分坍塌，全部成为危楼，11岁到15岁的娃娃们，都挨得紧紧的站在操场上，老师们站在最外圈，四周是教学楼。

日本在防震抗灾宣传、提高国民防震意识和技能方面是世界上做得最好的国家之一，他们的做法可以给我们以借鉴和启示。

日本社会的各行各业，经常会举行各种形式的防震防火演习。如东京都内的小学，每个月都要举行这类演习，以便小学生在真正遭遇地震等灾难时不但不会慌乱，而且还知道如何规避和救助，从小培养防震抗灾意识。

日本各地、各部门和各个单位，除了能在灾前制定应急预案意外，防震意识和观念不仅反映和体现在市政规划和基础建设方面，如房屋、道路等的建设，事先应尽可能将防震抗灾因素考虑进去。而且，防震意识已经渗透到了生活中的方方面面。比如，家里的稍高一些的家具，为了防止它在地震时倒下来砸伤人或物，都有专门把这些家具与墙壁或天花板固定的装置。而摆放的如音响，电视，或一些容易损坏的工艺器皿等，在其四角处都有可以专门固定防滑的胶皮垫。

日本在防震抗灾用品的研发和生产方面，基本形成了一个产业。它们可以根据不同的用途和需要，研制出各种防震抗灾用品。例如，具有一定防火功能的紧急避难用品包，内有各类物品27件，其中包括矿泉水、饮用水装运桶、压缩饼干、手摇发光灯、防尘口罩、防滑手套、绳子、固体燃料、急用哨子、护创膏、药棉和绷带等。此外，还研发生产了压缩内衣、无水洗涤剂和手摇充电收音机等用品。

建立应急避难场所 应急避难场所是指为应对突发事件，经规划、建设，具有应急避难生活服务设施，可供居民紧急疏散、临时生活的安全场所。现在，应急避难场所的规划与建设已成为我国各级人民政府的城市（镇）规划的重要组成部分之一。

应急避难场所的规划与建设原则是：以人为本、科学规划、就近布局、平灾结合、一所多用。

应急避难场所可选择公园、绿地、广场、体育场、室内公共场、馆、所和地下人防工事等作为应急避难场所的场址。选址要充分考虑场地的安全问题，注意所选场地的地质情况，避开地震断裂带，洪涝、山体滑坡、泥石流等自然灾害易发地段；选择地势较高且平坦空旷，易于排水、适宜搭建帐篷的地形；选择在高层建筑物、高耸构筑物的垮塌范围距离之外；选择在有毒气体储放地、易燃易爆物或核放射物储放地、高压输变电线路等设施影响范围之外的地段。应急避难场所附近还应有方向不同的两条以上通畅的疏散通道。

应急避难场所的建设、配套和运营都需要一系列的软硬件作为保障。应急避难场所分为临时性避难场所和长期性避难场所，性质不同保障条件要求不同。临时应急避难场所主要指发生灾害时受影响建筑物附近的小面积的空地，包括小花园、小文化体育广场、小绿地以及抗震能力非常强的人防设施，一般要求步行10min左右到达，这些用地和设施需要配备自来水管、地下电线等基本设施，一般只能够用于短时期内的临时避难。而长期应急避难场所又叫做功能性应急避难场所，如北京的“元大都”应急避难场所即属于此类。它一般指容量较大的公园绿地，各类体育场，中小学操场等，要求步行1小时内到达，该场所除了水电管线外，还需要配备公用电话、消防器材、厕所等设施，同时还要预留救灾指挥部门、卫生急救站及食品等物资储备库等用地。它们平时是休闲娱乐场所，灾害发生时则可为人们提供长期的生存保障。

应急避难场所实行谁投资建设，谁负责维护管理的原则，管理部门应制定针对不同灾难种类的场所使用应急预案，明确指挥机构，划定疏散位置，编制应急设施位置图以及场所内功能手册，建立数据库和电子地图，并向社会公示。有条件的地方，还可组织检验性应急演练；建立一支训练有素的应急志愿者队伍，通过对志愿者组织的培训、演练，使之熟悉防灾、避难、救灾程序，熟悉应急设备、设施的操作使用；建立一套规范的应急避难场所识别标识。应急避难场所附近应设置统一、规范的标识牌，提示应急避难场所的方位及距离，场所内应设置功能区划的详细说明，提示各类应急设施的分布情况，同时，在场所内部还应设立宣传栏，宣传场所内设施使用规则和应急知识。

应急避难场所，就是城市的生命线工程，在危急发生时给人们带来生存的希望。

7.4.2 震时应急避险

"地震时保持冷静,地震后走到户外"是国际上地震自救的通用基调。自救的防范目标要十分明确:应针对落顶和呛闷采取措施,切勿因躲避一般落物的袭击而干扰自己的动作。一句话,宁可受伤不要丧命。科学应对地震灾害,切记自救的四大法宝。

震时应沉着冷静,临震不乱,就近躲避。大地震时不要急,人多先找藏身处,远离危险区,被埋要保存体力。破坏性地震从人感觉振动到建筑物被破坏平均只有12s,在这短短的时间内你千万不要惊慌,应根据所处环境迅速作出保障安全的抉择。震时应努力保持站立姿势,保持视野和机动性,以便相机行事。室内避险位置选择的原则是"近水不近火,靠外不靠内"。注意躲避在室内结实、不易倾倒、能掩护身体的物体下或物体旁,最好选择开间小、有支撑的地方进行避震,如承重墙角、炕沿下或低矮、坚固的家具边;坚固的桌子下(旁)或床下(旁)等。

7.4.3 震后应急救援

震后应急救援是防震减灾工作体系的重要组成部分,震后应急救援的基础是地震监测预测和震害防御。

震后应急救援目的 地震应急救援的目的是在震灾发生后尽快尽力地抢救生命,减轻地震灾害的后果,防止灾害进一步扩大。

震后应急救援的主要力量 我国地震应急救援的主要力量是中国人民解放军和中国人民武装警察部队。由他们组成的中国地震救援队不仅完成了我国的地震应急救援工作,而且还参加并完成了多次国际的地震应急救援工作(如智利地震、秘鲁地震、印尼地震、海地地震等),得到了极高评价。

震后应急救援体系 为了更好地实施地震应急反应行动,保证在震灾发生后尽快尽力地抢救生命,减轻地震灾害的后果,防止灾害进一步扩大,国家有关部门、各级政府都建立了地震应急救援体系(地震应急救援体系的结构见图7.3)。我国在地震应急救援体系中,不仅成立了国家地震灾害紧急救援队,而且建立了27支省级救援队伍和许多社区的志愿者队伍;建立了国家级和省级现场工作队、国家地震灾害紧急救援培训基地;建立了各级应急救援指挥技术系统和12322防震减灾公益服务平台。

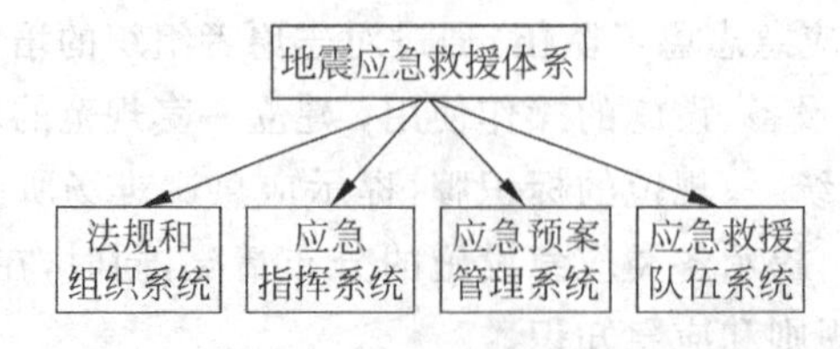

图7.3 地震应急救援体系

我国年轻的地震应急救援体系在汶川特大地震后受到一次严峻考验。汶川地震发生后，党和中央政府快速响应，立即成立国务院抗震救灾总指挥部和前方指挥部，启动国家地震应急预案一级响应和全国救灾动员机制；胡锦涛主席当晚主持召开中共中央政治局常务委员会会议，宣布成立抗震救灾总指挥部，温家宝任总指挥，李克强、回良玉任副总指挥；23时45分，温家宝在都江堰搭起的帐篷内召开国务院抗震救灾指挥部会议，5月13日7时和11时，温家宝又分别在都江堰和德阳主持召开国务院抗震救灾指挥部会议，部署抗震救灾工作……

地震就是命令。国家地震灾害紧急救援队和国家地震现场应急工作队第一批队伍于5月12日16:00在北京南苑机场集结；各省和地方救援队、武警、消防和矿山救援队、国际救援队相继进入地震现场，投入救援工作。据不完全统计，共有20个省市专业救援队伍参与了救援工作。如：震后不足30min，解放军总参谋部启动应急预案，组织空军、成都、济南军区和武警有关部队，包括某空降部队，迅速向灾区开进，在第一时间投入救灾战斗。截至5月28号18时，救灾中共出动军队和武警部队13.7万人(其中武警部队2.3万人)，民兵预备役人员4.5万人，涉及解放军四总部、七大军区、所有军兵种。涵盖了共和国武装力量所有大军种，还有空降兵、运输兵、海军陆战队、通信兵、工程兵、消防兵、卫生医疗兵、海军航空兵、陆军航空兵、气象水文、通信、测绘等兵种，分布在数十万平方公里的灾区，展开了一场波澜壮阔的抗震救灾战斗。

在此期间，部队执行救灾任务的飞机飞行3688架次；直升机投入99架，飞行1965架次；运送物资1305t，运送伤员、群众和救灾人员6915人。累计搜救被困幸存者3336人，医治伤病人员30.5万余人，手术9709例，转移受灾群众65.6万余人，地面运送救灾物资50.6万t，空投空运救灾物资5360t，抢修道路4281km，搭设帐篷11.9万余顶，清理废墟约200万平方公里。德国技术救援署官员黑夫纳说："中国政府显示出巨大的优势，反应迅速，调动大批军队和专业救援人员，赶赴灾区，抗震救灾。在我的印象中，几乎没有哪个国家的政府能像中国政府这样，如此迅速地对民众的巨大需求作出反应。"

总之，党和政府最高领导人亲临现场、坚强领导、强力组织、科学决策、高效指挥是实施成效显著的应急救援工作的关键，中国社会主义制度的优势也是汶川地震应急救援成功的重要保证。

7.4.4　地震的自救与互救

在地震预测不可能短期解决、房屋建筑的抗震标准也不可能普遍提高的条件下，实施恰当的个人应急措施成为必然。

如何自救？

震后迅速撤离到安全、开阔的地方。紧急疏散时，尽量使身体的重心降低，可以采取趴下、蹲下或坐下等正确的避震姿势；注意保护身体、头、颈部、眼睛、口、鼻等重要部位。如有可能，利用身边的物品，如枕头、被褥等顶在头上；低头、闭眼，以防异物伤害；用湿毛巾捂住口、鼻以防灰土、毒气侵入。被埋的要保存体力，创造生存条件，耐心等待救援。

如何互救？

抢救时间越及时，获救的希望就越大。据有关资料显示，震后20min获救的救活率达98%以上，震后一小时获救的救活率下降到63%，震后2h还无法获救的人员中，窒息死亡人数占死亡人数的58%。故在大批救援人员未到之前，受灾群众的自救互救行动，在整个抗震救灾中会起到无可替代的作用。

地震发生后如何救助被埋压的人？

首先要细心辨认人们遇震前的位置、方向，以及震后人们爬动的痕迹及血迹，从而找到已经受伤或筋疲力尽的遇难者。

其次，应确定伤员的头部位置，以最快的轻巧动作，暴露其头部，并迅速清除口鼻内的尘土，再使胸腹部露出。

第三，在抢救受伤者时，不要强拉硬拖，应尽量暴露其全身，方可扒出。

另外，在黑暗中待时间长的人，救出后，应将受伤者双眼蒙住，避免强光的刺激，对于长期处于饥饿的人，不能一下子喂给过多食物。

7.5 震后安置重建

震后安置重建是指地震灾害发生之后的过渡性安置、恢复生产、重建家园以及善后工作等活动。这也是防震减灾的一个重要环节，对减轻地震灾害具有十分重要的意义。

7.5.1 震后安置重建的工作重点

按工作重点的不同，可将震后安置重建分为两个阶段，但每个阶段的长短，视具体灾情而定，并且不同阶段间的措施有互相交叉和过渡。

第一阶段为临时安置阶段。受灾群众临时安置从强震发生之后就已开始，但作为工作重点则一般是地震7～10天以后，并可能持续1～3个月。其主要任务包括脱险群众、救援人员的临时安置；紧急救灾物资的统筹分配和管理；抢修公共基础设施，并对危险公共设施进行排险；实施心理危机干预方案，维护市场及物价稳定，尽量减小地震的经济影响；生产能力的部分恢复，在安全条件下尽量减少直接经济损失等方面。

此阶段的核心问题是如何妥善解决灾区人员的衣、食、住、行等基本生活问题，如何选择安全地域，解决群众的临时住房，完成“避震疏散”是这一阶段的重要任务。另外，在解决临时住房及搭建防震棚时，一定要吸取海城地震的教训。1975年2月4日辽宁省海城发生7.3级强震，由于防震棚没有解决防寒和防火措施，地震后因防震棚着火烧死341人、烧伤980人；冻死、捂死372人、冻伤6578人。发生这种本应避免的伤亡，是一个十分深刻的教训，同时我们需要做好救援人员自身的后勤供给和生活保障。

为了更好地做好震后安置工作，国家已经出台了“地震灾区过渡安置房建设技术导则”、“2010新版地震过渡安置房防雷技术规范”及“地震灾区过渡性安置区生活污水处理技术指南”等相关文件，指导震后安置工作。

第二阶段为恢复重建阶段。恢复重建在震后安置工作中就已开始，但作为工作重点则一般为灾情发生后的3个月～5年甚至更长的时间，主要包括灾害损失评估、全面恢复重建计划制定和实施、优惠政策的制定和实施、善后处置和长期心理危机干预等。

恢复重建工作的重要组成部分是尽快恢复生产，这是防震减灾法对于灾后恢复重建的一项基本规定，是地方人民政府及其有关部门和乡、镇人民政府在从事恢复重建工作时，都必须遵守的基本规定。恢复生产的主要任务是尽快恢复农业、工业、服务业生产和生命线系统的正常运转，满足灾区和国家生产建设和人民生活的需要，减轻国家和兄弟地区的负担，增强灾区的自救能力和恢复的效率；尽快恢复灾区正常的经济社会秩序。这对促进灾区经济社会发展，具有重要意义。

7.5.2 震后安置重建的基本原则

地震灾区受灾群众过渡性安置的基本原则是：根据地震灾区的实际情况，在确保安全的前提下，采取灵活多样的方式进行安置。

对于特别重大和重大地震灾害来说，恢复重建可能需要数年才能完成，因此，必须搭建过渡性安置房，或称简易住房。解决地震灾区受灾群众过渡性安置的问题，是妥善安排受灾群众生活、稳定人心、维护社会秩序，保障地震紧急救援向地震灾后恢复重建平稳过渡的重要环节，是灾后恢复重建的基础性工作。

7.5.3 过渡性安置的方式

过渡性安置没有特定的方式，应根据实际情况选择对受灾群众最方便、成本最低的安置方式。在安置地点的选择上，可以就地安置，也可以异地安置；在安置方式上，可以集中安置，也可以分散安置；在安置主体上，可以由政府安置，也可以投亲靠友、自行安置，并明确政府对投亲靠友和采取其他方式自行安置的受灾群众给予适当补助。对于过渡性安置房的形式，即临时住所可以采用帐篷、篷布房，有条件的也可以采用简易住房，活动板房，见图7.4。安排临时住所确实存在困难的，可以将学校操场和经安全鉴定的体育场馆等作为临时避难场所。国家鼓励地震灾区农村居民自行筹建符合安全要求的临时住所，并予以补助。

7.5.4 震后安置重建工作中的职责

在震后安置重建工作中：

进行地震灾害损失调查评估是国务院和省、自治区、直辖市人民政府及其有关职能部门的职责之一。地震灾害损失调查评估是对地震造成的损失进行综合评价的工作，是

图 7.4　汶川地震后的板房安置点

一项基础工作，是为制定地震应急救援力量的配置方案、制定灾后过渡性安置和恢复重建规划提供依据的工作。准确的地震灾害损失调查评估结果，对于实施地震应急救援、灾后过渡性安置和恢复重建，迅速恢复重建灾区的社会、生产和生活秩序具有十分重要的意义。

各级人民政府的基本法定职责是加强对灾后恢复重建工作的领导、组织和协调有关部门采取措施，做好灾后恢复重建工作。这也是各级人民政府依法管理灾后恢复重建工作的一项基本法定职权。

地震灾区县级以上地方人民政府及其有关部门和乡、镇人民政府的职责是及时组织恢复生产。主要是尽快恢复农业、工业、服务业生产和生命线系统的正常运转，满足灾区和国家生产建设和人民生活的需要，增强灾区的自救能力和恢复的效率。

过渡性安置点所在地的县级人民政府的职责是组织有关部门加强对次生灾害、饮用水水质、食品卫生、疫情等的监测，开展流行病学调查，整治环境卫生，避免对土壤、水环境等造成污染。

过渡性安置点所在地的公安机关的职责是加强治安管理，依法打击各种违法犯罪行为，维护正常的社会秩序。

7.5.5　震后安置重建应注意的几个问题

1. 过渡性安置点选址的基本原则。过渡性安置点选址的基本原则是便利和安全，避开地震活动断层和可能发生严重次生灾害的区域，防止对灾民造成二次灾害。这是以人为本恢复重建工作方针的具体体现。

例如，汶川地震后国家住房和城乡建设部根据党中央、国务院抗震救灾工作的部署和要求，按照“统一规划，合理选址，集中建设，鼓励投亲靠友”的原则，综合考虑汶川灾区的地理、地质、气候、文化传统和生活习俗等情况，研究制定了内容全面、合理，针对汶川地震灾区的，具有较好可操作性的《地震灾区过渡安置房建设技术导则（试行）》，用于规范地震灾区过渡安置房的建设，妥善安排受灾群众临时住所，保障其基本生活。

2. 确保受灾群众基本生活需要，主要是配套建设必要的基础设施和公共服务设施。例如，汶川地震灾后恢复重建条例中明确规定：防灾设施包括，安装必要的防雷设施和预留必要的消防应急通道，配备相应的消防设施，防范火灾和雷击灾害发生；基础设施包括水、电、道路等；公共服务设施包括学校、医疗点、集中供水点、公共卫生间等，要求按安置人口比例配备。四川省质量技术监督局和四川省气象局联合，根据中国气象局和省政府办公厅的部署和要求，结合当前地震灾区灾民临时安置点的实际情况，制定了《地震过渡安置房防雷技术规范（试行）》，以便规范地震灾区过渡安置房的建设，减少和避免因防雷设施不完善造成的人民生命财产损失。

3. 在过渡性安置中要注意保护农用地，对过渡性安置用地应当按照临时用地安排。因此，对于过渡性安置用地，可以先行安排用地，然后再办理有关用地审批手续。但应注意：先用地，后办审批手续，只适用于临时安置的用地，不能扩展到其他用地；在过渡性安置完成后，也不得采用；而且先用地，后办手续也不能违反土地管理的有关法律、法规。临时用地是有期限的，期限届满后，应当恢复原来的用途。

4. 在过渡性安置中同样要注意保护环境，应当避免对自然保护区、饮用水水源保护区以及生态脆弱区域造成破坏。

例如，在汶川地震后的安置重建工作中，国家环保部出台“地震灾区过渡性安置区生活污水处理技术指南”，规定了汶川地震灾区建设过渡安置房时，需要配套建设的粪便和污水收集系统、污水处理装置、污水消毒装置等环境保护设施的工艺技术、工程设计、设备选型、施工安装和运行管理的技术要求。

总之，面对灾后重建过程中出现的种种新问题，我们急需的是冷静、理性与耐心。因为灾后的住房重建、居民再就业、生产的恢复、经济的复苏等工作都是环环相接的，所以我们在灾后重建工作中，要注意到局部与整体的关系，既要仔细注意到细节问题，又要把握好整体的统筹。

灾后重建是一项长期漫长的工作，需要的不是一场轰轰烈烈的“社会运动”，而是需要长期扎实的社会工作。

习题 7

简答题

(1) 什么是地震谣言？如何鉴别地震谣言？

(2) 我国防震减灾工作的方针是什么？

(3) 我国防震减灾法的立法宗旨是什么？适用的空间范围是什么？

(4) 我国的防震减灾法包括哪几部分内容？共有几章？多少条款？

(5) 我国防震减灾法在政府履行社会管理职能中的作用是什么？

(6) 防震减灾规划的属性是什么？

(7) 编制防震减灾规划的宗旨和原则是什么？

(8) 简述防震减灾规划的内容。

(9) 什么是地震预警？地震预警技术的基本原理是什么？地震预警的作用是什么？

(10) 什么是地震应急？

(11) 什么是地震应急预案？地震应急预案应包括哪些内容？

(12) 简述应急救援系统的构成。

(13) 什么是地震后的自救和互救？如何进行自救和互救？

(14) 什么是震后安置重建？震后安置重建工作分为哪几个阶段？各阶段的主要工作是什么？

附 录 A

《中华人民共和国防震减灾法》(2008.12.27)

(1997 年 12 月 29 日第八届全国人民代表大会常务委员会第二十九次会议通过 2008 年 12 月 27 日第十一届全国人民代表大会常务委员会第六次会议修订通过 2008 年 12 月 27 日中华人民共和国主席令第 7 号公布 自 2009 年 5 月 1 日起施行)

第一章 总 则

第一条 为了防御和减轻地震灾害,保护人民生命和财产安全,促进经济社会的可持续发展,制定本法。

第二条 在中华人民共和国领域和中华人民共和国管辖的其他海域从事地震监测预报、地震灾害预防、地震应急救援、地震灾后过渡性安置和恢复重建等防震减灾活动,适用本法。

第三条 防震减灾工作,实行预防为主、防御与救助相结合的方针。

第四条 县级以上人民政府应当加强对防震减灾工作的领导,将防震减灾工作纳入本级国民经济和社会发展规划,所需经费列入财政预算。

第五条 在国务院的领导下,国务院地震工作主管部门和国务院经济综合宏观调控、建设、民政、卫生、公安以及其他有关部门,按照职责分工,各负其责,密切配合,共同做好防震减灾工作。

县级以上地方人民政府负责管理地震工作的部门或者机构和其他有关部门在本级人民政府领导下,按照职责分工,各负其责,密切配合,共同做好本行政区域的防震减灾工作。

第六条 国务院抗震救灾指挥机构负责统一领导、指挥和协调全国抗震救灾工作。县级以上地方人民政府抗震救灾指挥机构负责统一领导、指挥和协调本行政区域的抗震救灾工作。

国务院地震工作主管部门和县级以上地方人民政府负责管理地震工作的部门或者机构，承担本级人民政府抗震救灾指挥机构的日常工作。

第七条 各级人民政府应当组织开展防震减灾知识的宣传教育，增强公民的防震减灾意识，提高全社会的防震减灾能力。

第八条 任何单位和个人都有依法参加防震减灾活动的义务。

国家鼓励、引导社会组织和个人开展地震群测群防活动，对地震进行监测和预防。

国家鼓励、引导志愿者参加防震减灾活动。

第九条 中国人民解放军、中国人民武装警察部队和民兵组织，依照本法以及其他有关法律、行政法规、军事法规的规定和国务院、中央军事委员会的命令，执行抗震救灾任务，保护人民生命和财产安全。

第十条 从事防震减灾活动，应当遵守国家有关防震减灾标准。

第十一条 国家鼓励、支持防震减灾的科学技术研究，逐步提高防震减灾科学技术研究经费投入，推广先进的科学研究成果，加强国际合作与交流，提高防震减灾工作水平。

对在防震减灾工作中作出突出贡献的单位和个人，按照国家有关规定给予表彰和奖励。

第二章 防震减灾规划

第十二条 国务院地震工作主管部门会同国务院有关部门组织编制国家防震减灾规划，报国务院批准后组织实施。

县级以上地方人民政府负责管理地震工作的部门或者机构会同同级有关部门，根据上一级防震减灾规划和本行政区域的实际情况，组织编制本行政区域的防震减灾规划，报本级人民政府批准后组织实施，并报上一级人民政府负责管理地震工作的部门或者机构备案。

第十三条 编制防震减灾规划，应当遵循统筹安排、突出重点、合理布局、全面预防的原则，以震情和震害预测结果为依据，并充分考虑人民生命和财产安全及经济社会发展、资源环境保护等需要。

县级以上地方人民政府有关部门应当根据编制防震减灾规划的需要，及时提供有关资料。

第十四条 防震减灾规划的内容应当包括：震情形势和防震减灾总体目标，地震监测台网建设布局，地震灾害预防措施，地震应急救援措施，以及防震减灾技术、信息、资金、物资等保障措施。

编制防震减灾规划，应当对地震重点监视防御区的地震监测台网建设、震情跟踪、地震灾害预防措施、地震应急准备、防震减灾知识宣传教育等作出具体安排。

第十五条 防震减灾规划报送审批前，组织编制机关应当征求有关部门、单位、专家和公众的意见。

防震减灾规划报送审批文件中应当附具意见采纳情况及理由。

第十六条 防震减灾规划一经批准公布，应当严格执行；因震情形势变化和经济社会发展的需要确需修改的,应当按照原审批程序报送审批。

第三章 地震监测预报

第十七条 国家加强地震监测预报工作,建立多学科地震监测系统,逐步提高地震监测预报水平。

第十八条 国家对地震监测台网实行统一规划,分级、分类管理。

国务院地震工作主管部门和县级以上地方人民政府负责管理地震工作的部门或者机构,按照国务院有关规定,制定地震监测台网规划。

全国地震监测台网由国家级地震监测台网、省级地震监测台网和市、县级地震监测台网组成,其建设资金和运行经费列入财政预算。

第十九条 水库、油田、核电站等重大建设工程的建设单位,应当按照国务院有关规定,建设专用地震监测台网或者强震动监测设施,其建设资金和运行经费由建设单位承担。

第二十条 地震监测台网的建设,应当遵守法律、法规和国家有关标准,保证建设质量。

第二十一条 地震监测台网不得擅自中止或者终止运行。

检测、传递、分析、处理、存储、报送地震监测信息的单位,应当保证地震监测信息的质量和安全。

县级以上地方人民政府应当组织相关单位为地震监测台网的运行提供通信、交通、电力等保障条件。

第二十二条 沿海县级以上地方人民政府负责管理地震工作的部门或者机构,应当加强海域地震活动监测预测工作。海域地震发生后,县级以上地方人民政府负责管理地震工作的部门或者机构,应当及时向海洋主管部门和当地海事管理机构等通报情况。

火山所在地的县级以上地方人民政府负责管理地震工作的部门或者机构,应当利用地震监测设施和技术手段,加强火山活动监测预测工作。

第二十三条 国家依法保护地震监测设施和地震观测环境。

任何单位和个人不得侵占、毁损、拆除或者擅自移动地震监测设施。地震监测设施遭到破坏的,县级以上地方人民政府负责管理地震工作的部门或者机构应当采取紧急措施组织修复,确保地震监测设施正常运行。

任何单位和个人不得危害地震观测环境。国务院地震工作主管部门和县级以上地方人民政府负责管理地震工作的部门或者机构会同同级有关部门,按照国务院有关规定划定地震观测环境保护范围,并纳入土地利用总体规划和城乡规划。

第二十四条 新建、扩建、改建建设工程,应当避免对地震监测设施和地震观测环境造成危害。建设国家重点工程,确实无法避免对地震监测设施和地震观测环境造成危害的,建设单位应当按照县级以上地方人民政府负责管理地震工作的部门或者机构的要求,增建抗干扰设施;不能增建抗干扰设施的,应当新建地震监测设施。

对地震观测环境保护范围内的建设工程项目,城乡规划主管部门在依法核发选址意见书时,应当征求负责管理地震工作的部门或者机构的意见;不需要核发选址意见书的,城乡规划主管部门在依法核发建设用地规划许可证或者乡村建设规划许可证时,应当征求负责管理地震工作的部门或者机构的意见。

第二十五条 国务院地震工作主管部门建立健全地震监测信息共享平台,为社会提供服务。

县级以上地方人民政府负责管理地震工作的部门或者机构,应当将地震监测信息及时报送上一级人民政府负责管理地震工作的部门或者机构。

专用地震监测台网和强震动监测设施的管理单位,应当将地震监测信息及时报送所在地省、自治区、直辖市人民政府负责管理地震工作的部门或者机构。

第二十六条 国务院地震工作主管部门和县级以上地方人民政府负责管理地震工作的部门或者机构,根据地震监测信息研究结果,对可能发生地震的地点、时间和震级作出预测。

其他单位和个人通过研究提出的地震预测意见,应当向所在地或者所预测地的县级以上地方人民政府负责管理地震工作的部门或者机构书面报告,或者直接向国务院地震工作主管部门书面报告。收到书面报告的部门或者机构应当进行登记并出具接收凭证。

第二十七条 观测到可能与地震有关的异常现象的单位和个人,可以向所在地县级以上地方人民政府负责管理地震工作的部门或者机构报告,也可以直接向国务院地震工作主管部门报告。

国务院地震工作主管部门和县级以上地方人民政府负责管理地震工作的部门或者机构接到报告后,应当进行登记并及时组织调查核实。

第二十八条 国务院地震工作主管部门和省、自治区、直辖市人民政府负责管理地震工作的部门或者机构,应当组织召开震情会商会,必要时邀请有关部门、专家和其他有关人员参加,对地震预测意见和可能与地震有关的异常现象进行综合分析研究,形成震情会商意见,报本级人民政府;经震情会商形成地震预报意见的,在报本级人民政府前,应当进行评审,作出评审结果,并提出对策建议。

第二十九条 国家对地震预报意见实行统一发布制度。

全国范围内的地震长期和中期预报意见,由国务院发布。省、自治区、直辖市行政区域内的地震预报意见,由省、自治区、直辖市人民政府按照国务院规定的程序发布。

除发表本人或者本单位对长期、中期地震活动趋势的研究成果及进行相关学术交流外,任何单位和个人不得向社会散布地震预测意见。任何单位和个人不得向社会散布地震预报意见及其评审结果。

第三十条 国务院地震工作主管部门根据地震活动趋势和震害预测结果,提出确定地震重点监视防御区的意见,报国务院批准。

国务院地震工作主管部门应当加强地震重点监视防御区的震情跟踪,对地震活动趋势进行分析评估,提出年度防震减灾工作意见,报国务院批准后实施。

地震重点监视防御区的县级以上地方人民政府应当根据年度防震减灾工作意见和当地

的地震活动趋势，组织有关部门加强防震减灾工作。

地震重点监视防御区的县级以上地方人民政府负责管理地震工作的部门或者机构，应当增加地震监测台网密度，组织做好震情跟踪、流动观测和可能与地震有关的异常现象观测以及群测群防工作，并及时将有关情况报上一级人民政府负责管理地震工作的部门或者机构。

第三十一条 国家支持全国地震烈度速报系统的建设。

地震灾害发生后，国务院地震工作主管部门应当通过全国地震烈度速报系统快速判断致灾程度，为指挥抗震救灾工作提供依据。

第三十二条 国务院地震工作主管部门和县级以上地方人民政府负责管理地震工作的部门或者机构，应当对发生地震灾害的区域加强地震监测，在地震现场设立流动观测点，根据震情的发展变化，及时对地震活动趋势作出分析、判定，为余震防范工作提供依据。

国务院地震工作主管部门和县级以上地方人民政府负责管理地震工作的部门或者机构、地震监测台网的管理单位，应当及时收集、保存有关地震的资料和信息，并建立完整的档案。

第三十三条 外国的组织或者个人在中华人民共和国领域和中华人民共和国管辖的其他海域从事地震监测活动，必须经国务院地震工作主管部门会同有关部门批准，并采取与中华人民共和国有关部门或者单位合作的形式进行。

第四章 地震灾害预防

第三十四条 国务院地震工作主管部门负责制定全国地震烈度区划图或者地震动参数区划图。

国务院地震工作主管部门和省、自治区、直辖市人民政府负责管理地震工作的部门或者机构，负责审定建设工程的地震安全性评价报告，确定抗震设防要求。

第三十五条 新建、扩建、改建建设工程，应当达到抗震设防要求。

重大建设工程和可能发生严重次生灾害的建设工程，应当按照国务院有关规定进行地震安全性评价，并按照经审定的地震安全性评价报告所确定的抗震设防要求进行抗震设防。建设工程的地震安全性评价单位应当按照国家有关标准进行地震安全性评价，并对地震安全性评价报告的质量负责。

前款规定以外的建设工程，应当按照地震烈度区划图或者地震动参数区划图所确定的抗震设防要求进行抗震设防；对学校、医院等人员密集场所的建设工程，应当按照高于当地房屋建筑的抗震设防要求进行设计和施工，采取有效措施，增强抗震设防能力。

第三十六条 有关建设工程的强制性标准，应当与抗震设防要求相衔接。

第三十七条 国家鼓励城市人民政府组织制定地震小区划图。地震小区划图由国务院地震工作主管部门负责审定。

第三十八条 建设单位对建设工程的抗震设计、施工的全过程负责。

设计单位应当按照抗震设防要求和工程建设强制性标准进行抗震设计，并对抗震设计的质量以及出具的施工图设计文件的准确性负责。

施工单位应当按照施工图设计文件和工程建设强制性标准进行施工，并对施工质量负责。

建设单位、施工单位应当选用符合施工图设计文件和国家有关标准规定的材料、构配件和设备。

工程监理单位应当按照施工图设计文件和工程建设强制性标准实施监理，并对施工质量承担监理责任。

第三十九条 已经建成的下列建设工程，未采取抗震设防措施或者抗震设防措施未达到抗震设防要求的，应当按照国家有关规定进行抗震性能鉴定，并采取必要的抗震加固措施：

（一）重大建设工程；

（二）可能发生严重次生灾害的建设工程；

（三）具有重大历史、科学、艺术价值或者重要纪念意义的建设工程；

（四）学校、医院等人员密集场所的建设工程；

（五）地震重点监视防御区内的建设工程。

第四十条 县级以上地方人民政府应当加强对农村村民住宅和乡村公共设施抗震设防的管理，组织开展农村实用抗震技术的研究和开发，推广达到抗震设防要求、经济适用、具有当地特色的建筑设计和施工技术，培训相关技术人员，建设示范工程，逐步提高农村村民住宅和乡村公共设施的抗震设防水平。

国家对需要抗震设防的农村村民住宅和乡村公共设施给予必要支持。

第四十一条 城乡规划应当根据地震应急避难的需要，合理确定应急疏散通道和应急避难场所，统筹安排地震应急避难所必需的交通、供水、供电、排污等基础设施建设。

第四十二条 地震重点监视防御区的县级以上地方人民政府应当根据实际需要，在本级财政预算和物资储备中安排抗震救灾资金、物资。

第四十三条 国家鼓励、支持研究开发和推广使用符合抗震设防要求、经济实用的新技术、新工艺、新材料。

第四十四条 县级人民政府及其有关部门和乡、镇人民政府、城市街道办事处等基层组织，应当组织开展地震应急知识的宣传普及活动和必要的地震应急救援演练，提高公民在地震灾害中自救互救的能力。

机关、团体、企业、事业等单位，应当按照所在地人民政府的要求，结合各自实际情况，加强对本单位人员的地震应急知识宣传教育，开展地震应急救援演练。

学校应当进行地震应急知识教育，组织开展必要的地震应急救援演练，培养学生的安全意识和自救互救能力。

新闻媒体应当开展地震灾害预防和应急、自救互救知识的公益宣传。

国务院地震工作主管部门和县级以上地方人民政府负责管理地震工作的部门或者机构，应当指导、协助、督促有关单位做好防震减灾知识的宣传教育和地震应急救援演练等工作。

第四十五条 国家发展有财政支持的地震灾害保险事业，鼓励单位和个人参加地震灾害保险。

第五章 地震应急救援

第四十六条 国务院地震工作主管部门会同国务院有关部门制定国家地震应急预案，报国务院批准。国务院有关部门根据国家地震应急预案，制定本部门的地震应急预案，报国务院地震工作主管部门备案。

县级以上地方人民政府及其有关部门和乡、镇人民政府，应当根据有关法律、法规、规章、上级人民政府及其有关部门的地震应急预案和本行政区域的实际情况，制定本行政区域的地震应急预案和本部门的地震应急预案。省、自治区、直辖市和较大的市的地震应急预案，应当报国务院地震工作主管部门备案。

交通、铁路、水利、电力、通信等基础设施和学校、医院等人员密集场所的经营管理单位，以及可能发生次生灾害的核电、矿山、危险物品等生产经营单位，应当制定地震应急预案，并报所在地的县级人民政府负责管理地震工作的部门或者机构备案。

第四十七条 地震应急预案的内容应当包括：组织指挥体系及其职责，预防和预警机制，处置程序，应急响应和应急保障措施等。

地震应急预案应当根据实际情况适时修订。

第四十八条 地震预报意见发布后，有关省、自治区、直辖市人民政府根据预报的震情可以宣布有关区域进入临震应急期；有关地方人民政府应当按照地震应急预案，组织有关部门做好应急防范和抗震救灾准备工作。

第四十九条 按照社会危害程度、影响范围等因素，地震灾害分为一般、较大、重大和特别重大四级。具体分级标准按照国务院规定执行。

一般或者较大地震灾害发生后，地震发生地的市、县人民政府负责组织有关部门启动地震应急预案；重大地震灾害发生后，地震发生地的省、自治区、直辖市人民政府负责组织有关部门启动地震应急预案；特别重大地震灾害发生后，国务院负责组织有关部门启动地震应急预案。

第五十条 地震灾害发生后，抗震救灾指挥机构应当立即组织有关部门和单位迅速查清受灾情况，提出地震应急救援力量的配置方案，并采取以下紧急措施：

（一）迅速组织抢救被压埋人员，并组织有关单位和人员开展自救互救；

（二）迅速组织实施紧急医疗救护，协调伤员转移和接收与救治；

（三）迅速组织抢修毁损的交通、铁路、水利、电力、通信等基础设施；

（四）启用应急避难场所或者设置临时避难场所，设置救济物资供应点，提供救济物品、简易住所和临时住所，及时转移和安置受灾群众，确保饮用水消毒和水质安全，积极开展卫生防疫，妥善安排受灾群众生活；

（五）迅速控制危险源，封锁危险场所，做好次生灾害的排查与监测预警工作，防范地震可能引发的火灾、水灾、爆炸、山体滑坡和崩塌、泥石流、地面塌陷，或者剧毒、强腐蚀性、放射性物质大量泄漏等次生灾害以及传染病疫情的发生；

（六）依法采取维持社会秩序、维护社会治安的必要措施。

第五十一条 特别重大地震灾害发生后，国务院抗震救灾指挥机构在地震灾区成立现场指挥机构，并根据需要设立相应的工作组，统一组织领导、指挥和协调抗震救灾工作。

各级人民政府及有关部门和单位、中国人民解放军、中国人民武装警察部队和民兵组织，应当按照统一部署，分工负责，密切配合，共同做好地震应急救援工作。

第五十二条 地震灾区的县级以上地方人民政府应当及时将地震震情和灾情等信息向上一级人民政府报告，必要时可以越级上报，不得迟报、谎报、瞒报。

地震震情、灾情和抗震救灾等信息按照国务院有关规定实行归口管理，统一、准确、及时发布。

第五十三条 国家鼓励、扶持地震应急救援新技术和装备的研究开发，调运和储备必要的应急救援设施、装备，提高应急救援水平。

第五十四条 国务院建立国家地震灾害紧急救援队伍。

省、自治区、直辖市人民政府和地震重点监视防御区的市、县人民政府可以根据实际需要，充分利用消防等现有队伍，按照一队多用、专职与兼职相结合的原则，建立地震灾害紧急救援队伍。

地震灾害紧急救援队伍应当配备相应的装备、器材，开展培训和演练，提高地震灾害紧急救援能力。

地震灾害紧急救援队伍在实施救援时，应当首先对倒塌建筑物、构筑物压埋人员进行紧急救援。

第五十五条 县级以上人民政府有关部门应当按照职责分工，协调配合，采取有效措施，保障地震灾害紧急救援队伍和医疗救治队伍快速、高效地开展地震灾害紧急救援活动。

第五十六条 县级以上地方人民政府及其有关部门可以建立地震灾害救援志愿者队伍，并组织开展地震应急救援知识培训和演练，使志愿者掌握必要的地震应急救援技能，增强地震灾害应急救援能力。

第五十七条 国务院地震工作主管部门会同有关部门和单位，组织协调外国救援队和医疗队在中华人民共和国开展地震灾害紧急救援活动。

国务院抗震救灾指挥机构负责外国救援队和医疗队的统筹调度，并根据其专业特长，科学、合理地安排紧急救援任务。

地震灾区的地方各级人民政府，应当对外国救援队和医疗队开展紧急救援活动予以支持和配合。

第六章 地震灾后过渡性安置和恢复重建

第五十八条 国务院或者地震灾区的省、自治区、直辖市人民政府应当及时组织对地震灾害损失进行调查评估，为地震应急救援、灾后过渡性安置和恢复重建提供依据。

地震灾害损失调查评估的具体工作，由国务院地震工作主管部门或者地震灾区的省、自治区、直辖市人民政府负责管理地震工作的部门或者机构和财政、建设、民政等有关部门按照国务院的规定承担。

第五十九条 地震灾区受灾群众需要过渡性安置的，应当根据地震灾区的实际情况，在确保安全的前提下，采取灵活多样的方式进行安置。

第六十条 过渡性安置点应当设置在交通条件便利、方便受灾群众恢复生产和生活的区域，并避开地震活动断层和可能发生严重次生灾害的区域。

过渡性安置点的规模应当适度，并采取相应的防灾、防疫措施，配套建设必要的基础设施和公共服务设施，确保受灾群众的安全和基本生活需要。

第六十一条 实施过渡性安置应当尽量保护农用地，并避免对自然保护区、饮用水水源保护区以及生态脆弱区域造成破坏。

过渡性安置用地按照临时用地安排，可以先行使用，事后依法办理有关用地手续；到期未转为永久性用地的，应当复垦后交还原土地使用者。

第六十二条 过渡性安置点所在地的县级人民政府，应当组织有关部门加强对次生灾害、饮用水水质、食品卫生、疫情等的监测，开展流行病学调查，整治环境卫生，避免对土壤、水环境等造成污染。

过渡性安置点所在地的公安机关，应当加强治安管理，依法打击各种违法犯罪行为，维护正常的社会秩序。

第六十三条 地震灾区的县级以上地方人民政府及其有关部门和乡、镇人民政府，应当及时组织修复毁损的农业生产设施，提供农业生产技术指导，尽快恢复农业生产；优先恢复供电、供水、供气等企业的生产，并对大型骨干企业恢复生产提供支持，为全面恢复农业、工业、服务业生产经营提供条件。

第六十四条 各级人民政府应当加强对地震灾后恢复重建工作的领导、组织和协调。

县级以上人民政府有关部门应当在本级人民政府领导下，按照职责分工，密切配合，采取有效措施，共同做好地震灾后恢复重建工作。

第六十五条 国务院有关部门应当组织有关专家开展地震活动对相关建设工程破坏机理的调查评估，为修订完善有关建设工程的强制性标准、采取抗震设防措施提供科学依据。

第六十六条 特别重大地震灾害发生后，国务院经济综合宏观调控部门会同国务院有关部门与地震灾区的省、自治区、直辖市人民政府共同组织编制地震灾后恢复重建规划，报国务院批准后组织实施；重大、较大、一般地震灾害发生后，由地震灾区的省、自治区、直辖市人民政府根据实际需要组织编制地震灾后恢复重建规划。

地震灾害损失调查评估获得的地质、勘察、测绘、土地、气象、水文、环境等基础资料和经国务院地震工作主管部门复核的地震动参数区划图，应当作为编制地震灾后恢复重建规划的依据。

编制地震灾后恢复重建规划，应当征求有关部门、单位、专家和公众特别是地震灾区受灾群众的意见；重大事项应当组织有关专家进行专题论证。

第六十七条 地震灾后恢复重建规划应当根据地质条件和地震活动断层分布以及资源环境承载能力，重点对城镇和乡村的布局、基础设施和公共服务设施的建设、防灾减灾和生态环境以及自然资源和历史文化遗产保护等作出安排。

地震灾区内需要异地新建的城镇和乡村的选址以及地震灾后重建工程的选址，应当符合地震灾后恢复重建规划和抗震设防、防灾减灾要求，避开地震活动断层或者生态脆弱和可能发生洪水、山体滑坡和崩塌、泥石流、地面塌陷等灾害的区域以及传染病自然疫源地。

第六十八条 地震灾区的地方各级人民政府应当根据地震灾后恢复重建规划和当地经济社会发展水平，有计划、分步骤地组织实施地震灾后恢复重建。

第六十九条 地震灾区的县级以上地方人民政府应当组织有关部门和专家，根据地震灾害损失调查评估结果，制定清理保护方案，明确典型地震遗址、遗迹和文物保护单位以及具有历史价值与民族特色的建筑物、构筑物的保护范围和措施。

对地震灾害现场的清理，按照清理保护方案分区、分类进行，并依照法律、行政法规和国家有关规定，妥善清理、转运和处置有关放射性物质、危险废物和有毒化学品，开展防疫工作，防止传染病和重大动物疫情的发生。

第七十条 地震灾后恢复重建，应当统筹安排交通、铁路、水利、电力、通信、供水、供电等基础设施和市政公用设施，学校、医院、文化、商贸服务、防灾减灾、环境保护等公共服务设施，以及住房和无障碍设施的建设，合理确定建设规模和时序。

乡村的地震灾后恢复重建，应当尊重村民意愿，发挥村民自治组织的作用，以群众自建为主，政府补助、社会帮扶、对口支援，因地制宜，节约和集约利用土地，保护耕地。

少数民族聚居的地方的地震灾后恢复重建，应当尊重当地群众的意愿。

第七十一条 地震灾区的县级以上地方人民政府应当组织有关部门和单位，抢救、保护与收集整理有关档案、资料，对因地震灾害遗失、毁损的档案、资料，及时补充和恢复。

第七十二条 地震灾后恢复重建应当坚持政府主导、社会参与和市场运作相结合的原则。

地震灾区的地方各级人民政府应当组织受灾群众和企业开展生产自救，自力更生、艰苦奋斗、勤俭节约，尽快恢复生产。

国家对地震灾后恢复重建给予财政支持、税收优惠和金融扶持，并提供物资、技术和人力等支持。

第七十三条 地震灾区的地方各级人民政府应当组织做好救助、救治、康复、补偿、抚慰、抚恤、安置、心理援助、法律服务、公共文化服务等工作。

各级人民政府及有关部门应当做好受灾群众的就业工作，鼓励企业、事业单位优先吸纳符合条件的受灾群众就业。

第七十四条 对地震灾后恢复重建中需要办理行政审批手续的事项，有审批权的人民政府及有关部门应当按照方便群众、简化手续、提高效率的原则，依法及时予以办理。

第七章 监督管理

第七十五条 县级以上人民政府依法加强对防震减灾规划和地震应急预案的编制与实施、地震应急避难场所的设置与管理、地震灾害紧急救援队伍的培训、防震减灾知识宣传教育和地震应急救援演练等工作的监督检查。

县级以上人民政府有关部门应当加强对地震应急救援、地震灾后过渡性安置和恢复重建的物资的质量安全的监督检查。

第七十六条 县级以上人民政府建设、交通、铁路、水利、电力、地震等有关部门应当按照职责分工，加强对工程建设强制性标准、抗震设防要求执行情况和地震安全性评价工作的监督检查。

第七十七条 禁止侵占、截留、挪用地震应急救援、地震灾后过渡性安置和恢复重建的资金、物资。

县级以上人民政府有关部门对地震应急救援、地震灾后过渡性安置和恢复重建的资金、物资以及社会捐赠款物的使用情况，依法加强管理和监督，予以公布，并对资金、物资的筹集、分配、拨付、使用情况登记造册，建立健全档案。

第七十八条 地震灾区的地方人民政府应当定期公布地震应急救援、地震灾后过渡性安置和恢复重建的资金、物资以及社会捐赠款物的来源、数量、发放和使用情况，接受社会监督。

第七十九条 审计机关应当加强对地震应急救援、地震灾后过渡性安置和恢复重建的资金、物资的筹集、分配、拨付、使用的审计，并及时公布审计结果。

第八十条 监察机关应当加强对参与防震减灾工作的国家行政机关和法律、法规授权的具有管理公共事务职能的组织及其工作人员的监察。

第八十一条 任何单位和个人对防震减灾活动中的违法行为，有权进行举报。

接到举报的人民政府或者有关部门应当进行调查，依法处理，并为举报人保密。

第八章 法律责任

第八十二条 国务院地震工作主管部门、县级以上地方人民政府负责管理地震工作的部门或者机构，以及其他依照本法规定行使监督管理权的部门，不依法作出行政许可或者办理批准文件的，发现违法行为或者接到对违法行为的举报后不予查处的，或者有其他未依照本法规定履行职责的行为的，对直接负责的主管人员和其他直接责任人员，依法给予处分。

第八十三条 未按照法律、法规和国家有关标准进行地震监测台网建设的，由国务院地震工作主管部门或者县级以上地方人民政府负责管理地震工作的部门或者机构责令改正，采取相应的补救措施；对直接负责的主管人员和其他直接责任人员，依法给予处分。

第八十四条 违反本法规定，有下列行为之一的，由国务院地震工作主管部门或者县级以上地方人民政府负责管理地震工作的部门或者机构责令停止违法行为，恢复原状或者采取其他补救措施；造成损失的，依法承担赔偿责任：

（一）侵占、毁损、拆除或者擅自移动地震监测设施的；

（二）危害地震观测环境的；

（三）破坏典型地震遗址、遗迹的。

单位有前款所列违法行为，情节严重的，处二万元以上二十万元以下的罚款；个人有前款所列违法行为，情节严重的，处二千元以下的罚款。构成违反治安管理行为的，由公安机关依法给予处罚。

第八十五条 违反本法规定，未按照要求增建抗干扰设施或者新建地震监测设施的，由国务院地震工作主管部门或者县级以上地方人民政府负责管理地震工作的部门或者机构责令限期改正；逾期不改正的，处二万元以上二十万元以下的罚款；造成损失的，依法承担赔偿责任。

第八十六条 违反本法规定，外国的组织或者个人未经批准，在中华人民共和国领域和中华人民共和国管辖的其他海域从事地震监测活动的，由国务院地震工作主管部门责令停止违法行为，没收监测成果和监测设施，并处一万元以上十万元以下的罚款；情节严重的，并处十万元以上五十万元以下的罚款。

外国人有前款规定行为的，除依照前款规定处罚外，还应当依照外国人入境出境管理法律的规定缩短其在中华人民共和国停留的期限或者取消其在中华人民共和国居留的资格；情节严重的，限期出境或者驱逐出境。

第八十七条 未依法进行地震安全性评价，或者未按照地震安全性评价报告所确定的抗震设防要求进行抗震设防的，由国务院地震工作主管部门或者县级以上地方人民政府负责管理地震工作的部门或者机构责令限期改正；逾期不改正的，处三万元以上三十万元以下的罚款。

第八十八条 违反本法规定，向社会散布地震预测意见、地震预报意见及其评审结果，或者在地震灾后过渡性安置、地震灾后恢复重建中扰乱社会秩序，构成违反治安管理行为的，由公安机关依法给予处罚。

第八十九条 地震灾区的县级以上地方人民政府迟报、谎报、瞒报地震震情、灾情等信息的，由上级人民政府责令改正；对直接负责的主管人员和其他直接责任人员，依法给予处分。

第九十条 侵占、截留、挪用地震应急救援、地震灾后过渡性安置或者地震灾后恢复重建的资金、物资的，由财政部门、审计机关在各自职责范围内，责令改正，追回被侵占、截留、挪用的资金、物资；有违法所得的，没收违法所得；对单位给予警告或者通报批评；对直接负责的主管人员和其他直接责任人员，依法给予处分。

第九十一条 违反本法规定，构成犯罪的，依法追究刑事责任。

第九章 附则

第九十二条 本法下列用语的含义：

（一）地震监测设施，是指用于地震信息检测、传输和处理的设备、仪器和装置以及配套的监测场地。

（二）地震观测环境，是指按照国家有关标准划定的保障地震监测设施不受干扰、能够正常发挥工作效能的空间范围。

（三）重大建设工程，是指对社会有重大价值或者有重大影响的工程。

（四）可能发生严重次生灾害的建设工程，是指受地震破坏后可能引发水灾、火灾、爆炸，或者剧毒、强腐蚀性、放射性物质大量泄漏，以及其他严重次生灾害的建设工程，包括水库大坝和储油、储气设施，储存易燃易爆或者剧毒、强腐蚀性、放射性物质的设施，以及其他可能发生严重次生灾害的建设工程。

（五）地震烈度区划图，是指以地震烈度（以等级表示的地震影响强弱程度）为指标，将全国划分为不同抗震设防要求区域的图件。

（六）地震动参数区划图，是指以地震动参数（以加速度表示地震作用强弱程度）为指标，将全国划分为不同抗震设防要求区域的图件。

（七）地震小区划图，是指根据某一区域的具体场地条件，对该区域的抗震设防要求进行详细划分的图件。

第九十三条 本法自 2009 年 5 月 1 日起施行。

附 录 B

《破坏性地震应急条例》(1995.2.11)

(1995 年 2 月 11 日中华人民共和国国务院令第 172 号公布 自 1995 年 4 月 1 日起施行)

第一章 总 则

第一条 为了加强对破坏性地震应急活动的管理,减轻地震灾害损失,保障国家财产和公民人身、财产安全,维护社会秩序,制定本条例。

第二条 在中华人民共和国境内从事破坏性地震应急活动,必须遵守本条例。

第三条 地震应急工作实行政府领导、统一管理和分级、分部门负责的原则。

第四条 各级人民政府应当加强地震应急的宣传、教育工作,提高社会防震减灾意识。

第五条 任何组织和个人都有参加地震应急活动的义务。

中国人民解放军和中国人民武装警察部队是地震应急工作的重要力量。

第二章 应 急 机 构

第六条 国务院防震减灾工作主管部门指导和监督全国地震应急工作。国务院有关部门按照各自的职责,具体负责本部门的地震应急工作。

第七条 造成特大损失的严重破坏性地震发生后,国务院设立抗震救灾指挥部,国务院防震减灾工作主管部门为其办事机构;国务院有关部门设立本部门的地震应急机构。

第八条 县级以上地方人民政府防震减灾工作主管部门指导和监督本行政区域内的地震应急工作。

破坏性地震发生后,有关县级以上地方人民政府应当设立抗震救灾指挥部,对本行政区域内的地震应急工作实行集中领导,其办事机构设在本级人民政府防震减灾工作主管部门或者本级人民政府指定的其他部门;国务院另有规定的,从其规定。

第三章 应急预案

第九条 国家的破坏性地震应急预案，由国务院防震减灾工作主管部门会同国务院有关部门制定，报国务院批准。

第十条 国务院有关部门应当根据国家的破坏性地震应急预案，制定本部门的破坏性地震应急预案，并报国务院防震减灾工作主管部门备案。

第十一条 根据地震灾害预测，可能发生破坏性地震地区的县级以上地方人民政府防震减灾工作主管部门应当会同同级有关部门以及有关单位，参照国家的破坏性地震应急预案，制定本行政区域内的破坏性地震应急预案，报本级人民政府批准；省、自治区和人口在100万以上的城市的破坏性地震应急预案，还应当报国务院防震减灾工作主管部门备案。

第十二条 部门和地方制定破坏性地震应急预案，应当从本部门或者本地区的实际情况出发，做到切实可行。

第十三条 破坏性地震应急预案应当包括下列主要内容：

（一）应急机构的组成和职责；

（二）应急通信保障；

（三）抢险救援的人员、资金、物资准备；

（四）灾害评估准备；

（五）应急行动方案。

第十四条 制定破坏性地震应急预案的部门和地方，应当根据震情的变化以及实施中发现的问题，及时对其制定的破坏性地震应急预案进行修订、补充；涉及重大事项调整的，应当报经原批准机关同意。

第四章 临震应急

第十五条 地震临震预报，由省、自治区、直辖市人民政府依照国务院有关发布地震预报的规定统一发布，其他任何组织或者个人不得发布地震预报。

任何组织或者个人都不得传播有关地震的谣言。发生地震谣传时，防震减灾工作主管部门应当协助人民政府迅速予以平息和澄清。

第十六条 破坏性地震临震预报发布后，有关省、自治区、直辖市人民政府可以宣布预报区进入临震应急期，并指明临震应急期的起止时间。

临震应急期一般为10日；必要时，可以延长10日。

第十七条 在临震应急期，有关地方人民政府应当根据震情，统一部署破坏性地震应急预案的实施工作，并对临震应急活动中发生的争议采取紧急处理措施。

第十八条 在临震应急期，各级防震减灾工作主管部门应当协助本级人民政府对实施破坏性地震应急预案工作进行检查。

第十九条 在临震应急期，有关地方人民政府应当根据实际情况，向预报区的居民以及其他人员提出避震撤离的劝告；情况紧急时，应当有组织地进行避震疏散。

第二十条 在临震应急期，有关地方人民政府有权在本行政区域内紧急调用物资、设备、人员和占用场地，任何组织或者个人都不得阻拦；调用物资、设备或者占用场地的，事后应当及时归还或者给予补偿。

第二十一条 在临震应急期，有关部门应当对生命线工程和次生灾害源采取紧急防护措施。

第五章 震后应急

第二十二条 破坏性地震发生后，有关的省、自治区、直辖市人民政府应当宣布灾区进入震后应急期，并指明震后应急期的起止时间。

震后应急期一般为10日；必要时，可以延长20日。

第二十三条 破坏性地震发生后，抗震救灾指挥部应当及时组织实施破坏性地震应急预案，及时将震情、灾情及其发展趋势等信息报告上一级人民政府。

第二十四条 防震减灾工作主管部门应当加强现场地震监测预报工作，并及时会同有关部门评估地震灾害损失；灾情调查结果，应当及时报告本级人民政府抗震救灾指挥部和上一级防震减灾工作主管部门。

第二十五条 交通、铁路、民航等部门应当尽快恢复被损毁的道路、铁路、水港、空港和有关设施，并优先保证抢险救援人员、物资的运输和灾民的疏散。其他部门有交通运输工具的，应当无条件服从抗震救灾指挥部的征用或者调用。

第二十六条 通信部门应当尽快恢复被破坏的通信设施，保证抗震救灾通信畅通。其他部门有通信设施的，应当优先为破坏性地震应急工作服务。

第二十七条 供水、供电部门应当尽快恢复被破坏的供水、供电设施，保证灾区用水、用电。

第二十八条 卫生部门应当立即组织急救队伍，利用各种医疗设施或者建立临时治疗点，抢救伤员，及时检查、监测灾区的饮用水源、食品等，采取有效措施防止和控制传染病的暴发流行，并向受灾人员提供精神、心理卫生方面的帮助。医药部门应当及时提供救灾所需药品。其他部门应当配合卫生、医药部门，做好卫生防疫以及伤亡人员的抢救、处理工作。

第二十九条 民政部门应当迅速设置避难场所和救济物资供应点，提供救济物品等，保障灾民的基本生活，做好灾民的转移和安置工作。其他部门应当支持、配合民政部门妥善安置灾民。

第三十条 公安部门应当加强灾区的治安管理和安全保卫工作，预防和制止各种破坏活动，维护社会治安，保证抢险救灾工作顺利进行，尽快恢复社会秩序。

第三十一条 石油、化工、水利、电力、建设等部门和单位以及危险品生产、储运等单位，应当按照各自的职责，对可能发生或者已经发生次生灾害的地点和设施采取紧急处置措施，并加强监视、控制，防止灾害扩展。

公安消防机构应当严密监视灾区火灾的发生；出现火灾时，应当组织力量抢救人员和物资，并采取有效防范措施，防止火势扩大、蔓延。

第三十二条 广播电台、电视台等新闻单位应当根据抗震救灾指挥部提供的情况，按照规定及时向公众发布震情、灾情等有关信息，并做好宣传、报道工作。

第三十三条 抗震救灾指挥部可以请求非灾区的人民政府接受并妥善安置灾民和提供其他救援。

第三十四条 破坏性地震发生后，国内非灾区提供的紧急救援，由抗震救灾指挥部负责接受和安排；国际社会提供的紧急救援，由国务院民政部门负责接受和安排；国外红十字会和国际社会通过中国红十字会提供的紧急救援，由中国红十字会负责接受和安排。

第三十五条 因严重破坏性地震应急的需要，可以在灾区实行特别管制措施。省、自治区、直辖市行政区域内的特别管制措施，由省、自治区、直辖市人民政府决定；跨省、自治区、直辖市的特别管制措施，由有关省、自治区、直辖市人民政府共同决定或者由国务院决定；中断干线交通或者封锁国境的特别管制措施，由国务院决定。

特别管制措施的解除，由原决定机关宣布。

第六章 奖励和处罚

第三十六条 在破坏性地震应急活动中有下列事迹之一的，由其所在单位、上级机关或者防震减灾工作主管部门给予表彰或者奖励：

（一）出色完成破坏性地震应急任务的；

（二）保护国家、集体和公民的财产或者抢救人员有功的；

（三）及时排除险情，防止灾害扩大，成绩显著的；

（四）对地震应急工作提出重大建议，实施效果显著的；

（五）因震情、灾情测报准确和信息传递及时而减轻灾害损失的；

（六）及时供应用于应急救灾的物资和工具或者节约经费开支，成绩显著的；

（七）有其他特殊贡献的。

第三十七条 有下列行为之一的，对负有直接责任的主管人员和其他直接责任人员依法给予行政处分；属于违反治安管理行为的，依照治安管理处罚条例的规定给予处罚；构成犯罪的，依法追究刑事责任：

（一）不按照本条例规定制定破坏性地震应急预案的；

（二）不按照破坏性地震应急预案的规定和抗震救灾指挥部的要求实施破坏性地震应急预案的；

（三）违抗抗震救灾指挥部命令，拒不承担地震应急任务的；

（四）阻挠抗震救灾指挥部紧急调用物资、人员或者占用场地的；

（五）贪污、挪用、盗窃地震应急工作经费或者物资的；

（六）有特定责任的国家工作人员在临震应急期或者震后应急期不坚守岗位，不及时掌握震情、灾情，临阵脱逃或者玩忽职守的；

（七）在临震应急期或者震后应急期哄抢国家、集体或者公民的财产的；

（八）阻碍抗震救灾人员执行职务或者进行破坏活动的；

（九）不按照规定和实际情况报告灾情的；

（十）散布谣言，扰乱社会秩序，影响破坏性地震应急工作的；

（十一）有对破坏性地震应急工作造成危害的其他行为的。

第七章　附　　则

第三十八条　本条例下列用语的含义：

（一）“地震应急”，是指为了减轻地震灾害而采取的不同于正常工作程序的紧急防灾和抢险行动；

（二）“破坏性地震”，是指造成一定数量的人员伤亡和经济损失的地震事件；

（三）“严重破坏性地震”，是指造成严重的人员伤亡和经济损失，使灾区丧失或者部分丧失自我恢复能力，需要国家采取对抗行动的地震事件；

（四）“生命线工程”，是指对社会生活、生产有重大影响的交通、通信、供水、排水、供电、供气、输油等工程系统；

（五）“次生灾害源”，是指因地震而可能引发水灾、火灾、爆炸等灾害的易燃易爆物品、有毒物质储存设施、水坝、堤岸等。

第三十九条　本条例自 1995 年 4 月 1 日起施行。

参 考 文 献

[1] 陈颙,史培军.自然灾害[M].北京：北京师范大学出版社,2007.

[2] 国家地震局科技监测司.地震观测技术[M].北京：地震出版社,1995.

[3] 李善邦.中国地震[M].北京：地震出版社,1981.

[4] 孟晓春.地震观测与分析技术[M].北京：地震出版社,1998.

[5] 孟晓春.地震信息分析技术[M].北京：地震出版社,2005.

[6] 孙其政,吴书贵.地震监测预报10年(1966—2006)[M].北京：地震出版社,2008.

[7] 傅承义.地球物理学的探索及其他[M].北京：科学技术文献出版社,1993.

[8] 张国民,张晓东,吴荣辉,等.地震预报回顾与展望[J].国际地震动态,2005(5).

[9] Bolt B A. Earthquakes and geological discovery[M]. New York：Scientific American Library,1993.

[10] 宇津德治.地震学[M].北京：地震出版社,1981.

[11] 徐锡伟,闻学泽,叶建青,等.汶川MS8.0地震地表破裂带及其发震构造[J].地震地质,2008,30(3)：597-629.

[12] 蒋海昆,郑建常,代磊,等.中国大陆余震序列类型的综合判定[J].地震,2007,27(1)：17-25.

[13] 李志雄.对创新地震监测预报工作的几点新思考[J].地震监测预报研究.2005(5).

[14] 陈章立,李志雄.严重的挫折,重要的启示[J].地震,2009,29(1)：182-192.

[15] 陈章立,李志雄.对地震预报的科学思考(一)[J].地震,2008,28(1)：1-18.

[16] 李志雄,陈章立,张国民.汶川地震引发的对监测预报工作的某些思考[J].政策研究,2008(2).

[17] 赵国敏.加强防震减灾,构建和谐天津：天津市防震减灾30年纪念论文集[C].北京：地震出版社,2006.

参考文献

[illegible]